最新的科學內容  爆笑漫畫場景

# 進階的量子世界

墨子沙龍／著
牛貓小分隊／繪製

人人都能看懂的量子科學漫畫

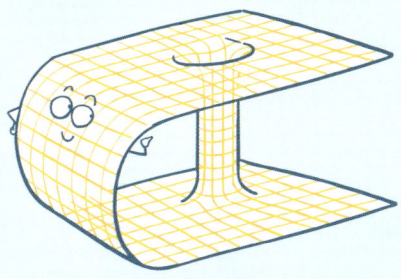

笛藤出版

國家圖書館出版品預行編目(CIP)資料

進階的量子世界：人人都能看懂的量子科學漫畫 / 墨子沙龍著；
牛貓小分隊繪. -- 初版. -- 新北市：笛藤出版, 2025.06
　　面；　公分
ISBN 978-957-710-984-2(平裝)
1.CST: 量子力學 2.CST: 漫畫
331.3　　　114005787

2025年08月26日　初版第1刷　定價420元

| 著　　　者 | 墨子沙龍 |
| --- | --- |
| 繪　　　製 | 牛貓小分隊 |
| 總 編 輯 | 洪季楨 |
| 封 面 設 計 | 王舒玗 |
| 編 輯 企 劃 | 笛藤出版 |
| 發 行 所 | 八方出版股份有限公司 |
| 發 行 人 | 林建仲 |
| 地　　　址 | 新北市新店區寶橋路235巷6弄6號4樓 |
| 電　　　話 | (02) 2777-3682 |
| 傳　　　真 | (02) 2777-3672 |
| 總 經 銷 | 聯合發行股份有限公司 |
| 地　　　址 | 新北市新店區寶橋路235巷6弄6號2樓 |
| 電　　　話 | (02) 2917-8022・(02) 2917-8042 |
| 製 版 廠 | 造極彩色印刷製版股份有限公司 |
| 地　　　址 | 新北市中和區中山路二段380巷7號1樓 |
| 電　　　話 | (02) 2240-0333・(02) 2248-3904 |
| 印 刷 廠 | 皇甫彩藝印刷股份有限公司 |
| 地　　　址 | 新北市中和區中正路988巷10號 |
| 電　　　話 | (02) 3234-5871 |
| 郵 撥 帳 戶 | 八方出版股份有限公司 |
| 郵 撥 帳 號 | 19809050 |

「本書簡體字版名為《進階的量子世界：人人都能看懂的量子科學漫畫》(ISBN：978-7-115-63279-1)，
由人民郵電出版社有限公司出版，版權屬人民郵電出版社有限公司所有，本書繁體版權中文版由人民郵電
出版社有限公司授權台灣八方出版股份有限公司(笛藤)出版。未經本書原版出版者和本書出版者書面許可，
任何單位和個人均不得以任何形式或手段，複製或傳播本書的部分或全部。」

●本書經合法授權，請勿翻印●

# 序 言 一

不久前，2012年諾貝爾物理學獎獲得者艾賀許（Serge Haroche）到中國，並在墨子沙龍做了一場引人入勝的科普講座。墨子沙龍負責人告訴我，2023年上半年，艾賀許在確定了11月到訪的行程後，主動聯繫他們，希望能在墨子沙龍開展一場公開的科普講座。為何選定墨子沙龍？因為他的學生告訴他，墨子沙龍是最優秀、最專業的量子科普平臺之一。我為墨子沙龍一直以來為量子科普所做的努力感到欣喜！

墨子沙龍自2016年成立以來，一直致力於科學普及的探索和實踐。他們透過面對面的公開講座、線上直播以及多樣化的新媒體平臺，向公眾傳播先進的科學進展、先進的科學思想，和眾多大朋友小朋友一起感受科學之美。對量子物理和量子資訊的科普是墨子沙龍的一個特色。他們緊密聯繫頂尖科學家，及時瞭解他們最新的工作，並與粉絲、觀眾互動，傾聽他們的需求。透過不斷的思考和成長，墨子沙龍已成為公眾瞭解量子科技基礎和前沿的可信賴途徑。其中，利用大家喜聞樂見的漫畫形式來傳播「高冷」的先進科學，就是墨子沙龍聯合謝耳朵（Sheldon）科學漫畫工作室進行的一項成功嘗試。他們成功地將中國科學技術大學量子物理和量子資訊科研團隊最新的優秀工作，透過妙趣橫生的漫畫介紹給讀者，不僅受到包括中小學生在內的公眾的喜愛，在科學家中也擁有不少「大咖」粉絲。

已經出版的《奇妙量子世界：人人都能看懂的量子科學漫畫》正是這一嘗試的結晶。它榮獲了包括第八屆中華優秀出版物提名獎、2019年度「中國好書」在內的一系列獎項，被認為是「一本兼具科學性、原創性和可讀性的優秀科普作品」。秉承這一宗旨，經過4年的積累沉澱，墨子沙龍的新作《進階的量子世界：人人都能看懂的量子科學漫畫》問世了，邀請讀者再次踏上穿越量子世界的奇妙旅程。

與第一本相比，這本新作有更豐富的內容，從量子通訊到量子模擬和計算，從光到超冷原子、超導比特……這也是中國量子科技最近幾年來全面進步的一個展現：從幾年前的只在某些特定方向取得優勢，到眾多領域全面開花。例如，在量子通訊領域，中國繼續擴大領先優勢，成功驗證了構建天地一體化量子通訊網路的可行性；在量子電腦與模擬領域，「九章」光量子電腦原型機和「祖沖之號」超導量子電腦原型機雙雙達到了「量子計算優越性」里程碑；利用超冷原子體系，在對奇異物性、基礎物理理論和原理的量子模擬上，做出多項領先工作；在國際上首次製備了高相空間密度的超冷三原子分子氣體，向基於超冷分子的超冷量子化學和量子模擬邁出了重要一步；在量子精密測量領域，在國際上首次實現百千里級的自由空間高精度時頻傳遞，向建立廣域光頻標網路邁出重要一步……這些不同方向的新進展，在《進階的量子世界：人人都能看懂的量子科學漫畫》中都得以呈現。

量子物理充滿了美妙和神奇，科學家們正在不斷探索。相信《進階的量子世界：人人都能看懂的量子科學漫畫》能將我們所領略到的奇妙感受及時和大家分享。

2023年12月

# 序言二

　　量子力學是現代物理學的兩大支柱之一，也是當前引起公眾廣泛興趣的熱門領域。在量子的世界裡，有奇異的現象、超越我們日常經驗的規律，以及深刻的物理思想和數學結構。如何讓普通人也能感受到量子物理的美麗？這是墨子沙龍一直努力、不斷探索的事情。

　　2017年，墨子沙龍和Sheldon科學漫畫工作室合作，嘗試將嚴謹的先進科學進展和生動詼諧的漫畫結合，向中小學生、普通公眾解釋量子物理和量子資訊。我們的第一篇漫畫就受到大家的歡迎，這給予我們信心，於是就有了後面一篇篇的漫畫。2019年，我們將十餘篇漫畫結集成書，這便是《奇妙量子世界：人人都能看懂的量子科學漫畫》。

　　《奇妙量子世界：人人都能看懂的量子科學漫畫》甫一推出就受到注目，成績超出了我們的預期，並榮獲了「中華優秀出版物提名獎」、「中國好書」等重要圖書獎項。而你眼前的這本《進階的量子世界：人人都能看懂的量子科學漫畫》正是其續集，我們期待它能延續前作「奇妙」的故事，帶領親愛的讀者們繼續我們的量子世界旅程。

墨子沙龍<br>
2023年12月

# CONTENTS　目錄

| | | |
|---|---|---|
| 第一章 | 小孩子才做選擇題，成年人兩個都要：基於衛星的量子糾纏QKD，你值得擁有 | 1 |
| 第二章 | 摸著石頭過河：在地球引力場中檢驗量子糾纏的穩定性 | 19 |
| 第三章 | 如何讓50千米外的兩個原子，產生量子糾纏 | 34 |
| 第四章 | 中國科學家研製出首個有潛在應用的量子計算原型機 | 49 |
| 第五章 | 量子計算優越性+2up：中國團隊同時升級了兩種量子計算原型機 | 70 |
| 第六章 | 現階段如何一眼看清量子計算？認準糾纏態！ | 95 |
| 第七章 | 你認識這兩個「子」嗎？ | 105 |

| 第八章 | 科學家首次觀測到超低溫下鉀-41原子的「擦肩而過」 | 124 |
| --- | --- | --- |
| 第九章 | 在絕對零度附近，用鋰原子製造超流體的「超級小白鼠」 | 139 |
| 第十章 | 雙重盜夢空間：中國科學家首次用超冷原子類比基本外爾半金屬 | 162 |
| 第十一章 | 為了讓你更完美，我必須冷酷到底：極度深寒量子模擬 | 190 |
| 第十二章 | 小小的世界有大大的夢想：超冷分子化學團隊製備超冷三原子分子氣體 | 209 |
| 第十三章 | 非視野成像：讓視線「拐彎兒」，在1.4千米之外 | 228 |
| 第十四章 | 用量子力學，突破望遠鏡解析度的光學極限 | 248 |

# 第一章
# 小孩子才做選擇題，成年人兩個都要：

基於衛星的量子糾纏 QKD，你值得擁有

 進階的量子世界：人人都能看懂的量子科學漫畫

如今，人手一部的智慧型手機不僅螢幕大，可以用來購物，還能用來拍照、拍影片、聽歌、看電影。

可是，當你某一天被困在深山老林或者大海中央，普通的智慧手機搜不到訊號，叫天天不應、叫地地不靈時，卻有一部「相貌平平無奇」的手機能救你。

沒錯，你可能猜到了，這款「相貌平平無奇」的手機其實是一部支持衛星通訊的手機。

第一章

但在日常生活中,我們是否需要擁有一部衛星手機?衛星手機使用的是衛星網路,手機上要有長長的、粗粗的天線。智慧手機的很多功能,衛星手機也不支應,而且話費還有點貴……

## 衛星電話

一年制方案 每分鐘 **80**元

在應用領域,沒有哪項技術能一統天下,往往是各有所長。在不同的應用場景下,需要發展不同的技術手段——智慧手機雖好,你也可能會有必須要用衛星手機的時候。所以,你偶爾也可以把豪車停在9,075坪的家裡,騎著自行車上街兜風。

3

現在,來介紹一個明明已經有成熟的技術應用方案,卻還讓科學家欲罷不能,要大力發展的技術。

## 基於衛星的量子糾纏金鑰分發

### (一)量子金鑰分發(QKD)

這裡的金鑰,說的不是結婚後的蜜月,而是加密資訊用的一段祕密字元。比方說,你在登錄自己的遊戲帳號時,輸入了一段口令:123456。

如果你把這串數字直接發出去,半路被竊聽者截獲,他可能就會用這個口令,把你的遊戲裝備全部偷走。

第一章

所以，在口令發出去之前，你得想辦法把它加密一下。比如，我們可以讓口令的每一位數都加 1。123456 加上 111111，變成 234567，然後再傳出去。遊戲伺服器收到以後，再給每一位數都減 1。這樣一來，問題就解決了。

這裡說的每一位都加 1，也就是數位111111，就是我要講的加密資訊用的金鑰。當然，111111這個金鑰太簡單了，很容易被人猜出來。真正管用的金鑰是隨機產生的一串數位，毫無規律可循，最好是用一次就扔，下次再換一組新的，這樣就沒法破解了。

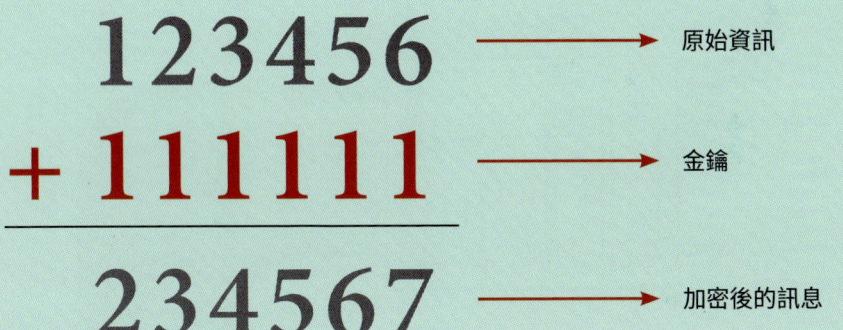

但是，在加密傳輸資訊之前，先得傳輸一段只有玩家和伺服器才知道的金鑰。於是問題來了，一路上有那麼多的竊聽者，怎麼才能安全地把金鑰送到呢？目前只能靠一種叫作「量子金鑰分發」的技術。

簡單地說，通常的量子金鑰分發是利用量子力學原理，透過在光纖中傳輸不同狀態的單個光子，並對單個光子的狀態進行測量，實現了**不斷隨機產生金鑰**。

使用光纖傳輸，優點是：可以使用經典通訊現成的光纖網路，大大降低了實用化成本；缺點是：光纖傳輸會有損耗，點對點的光纖量子金鑰分發距離受限，目前實際傳輸距離只有幾百千米。

5

進階的量子世界：人人都能看懂的量子科學漫畫

### 基於光纖的量子金鑰分發技術

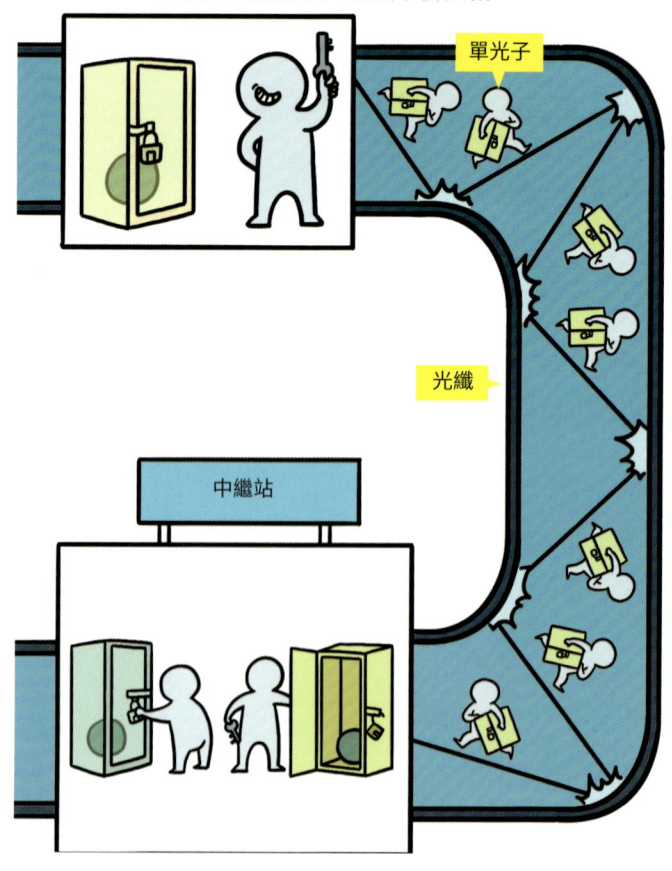

# 第一章

### 量子保密通訊「京滬幹線」

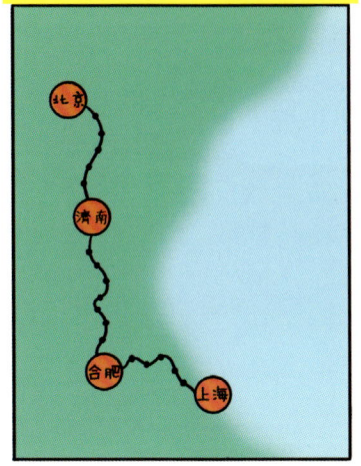

為了擴展量子保密通訊的距離,科學家們想出了一個階段性的方案:利用可信中繼把一段段距離較短的光纖通道連接起來。例如量子保密通訊「京滬幹線」就是這樣把量子保密通訊的距離擴展到了 2000 千米以上。

「京滬幹線」的運行原理就像是金鑰接力,但是負責接力的那個人必須是可信的。雖然看起來不是那麼完美,但和傳統的保密通訊相比,「京滬幹線」的安全性已經大幅提高了。

為了保證資訊不被竊聽、不被破解,原則上講,傳統的保密通訊需要在沿線處處設防。

### 處處設防
傳統的保密通訊

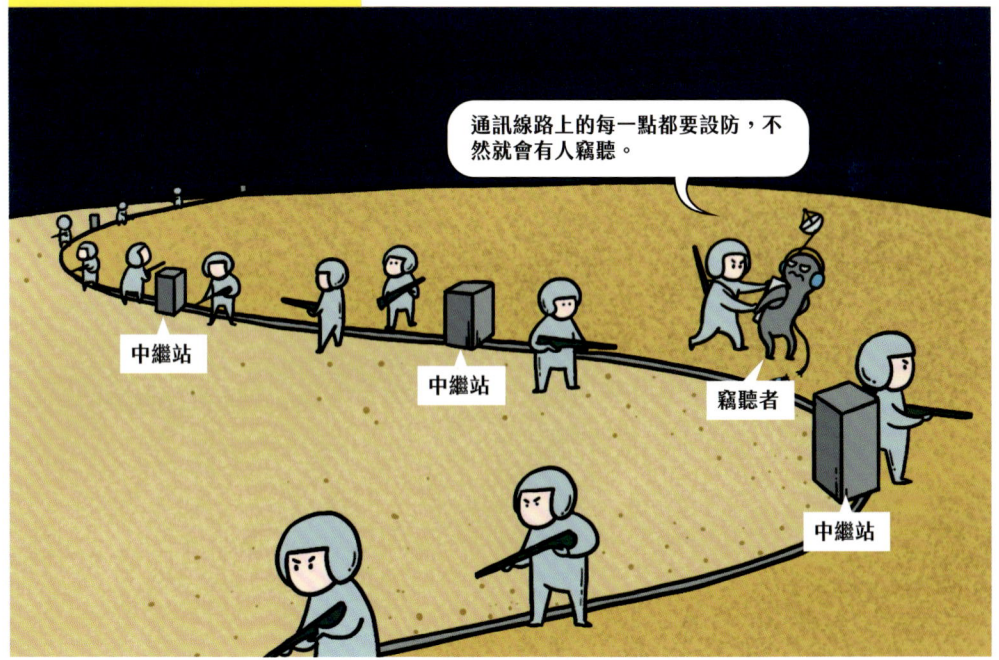

7

 進階的量子世界：人人都能看懂的量子科學漫畫

而利用可信中繼的「京滬幹線」安全性就提高了很多，它只需要在每個中繼站重點設防。

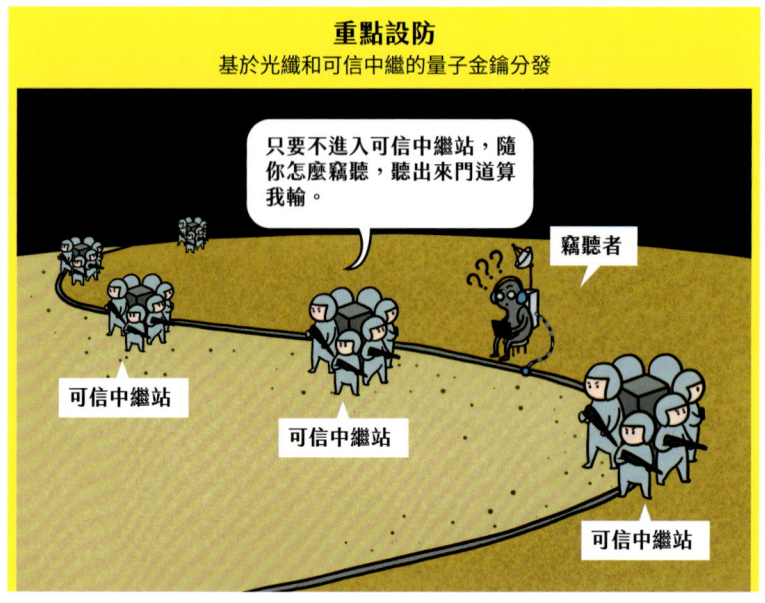

因此，某些有較高保密需求的機構，就能夠在連接北京、上海，貫穿濟南與合肥的2000多千米的線路之間，提升資訊傳輸的保密級別。

但是，正當「京滬幹線」平穩運行時，建造它的量子密碼學家們卻又把目光投向了另一種不同的量子金鑰分發技術：基於衛星的量子糾纏金鑰分發。這又是怎麼回事呢？

# 第一章

## （二）基於衛星的量子糾纏金鑰分發的實驗

基於衛星的量子糾纏金鑰分發，是利用量子力學，產生和傳輸金鑰。只不過，跟第一種技術相比，它的不同之處在於，傳輸金鑰時，一個光子不夠用，必須兩個光子一塊往外傳，而且得是兩個存在量子糾纏的光子。

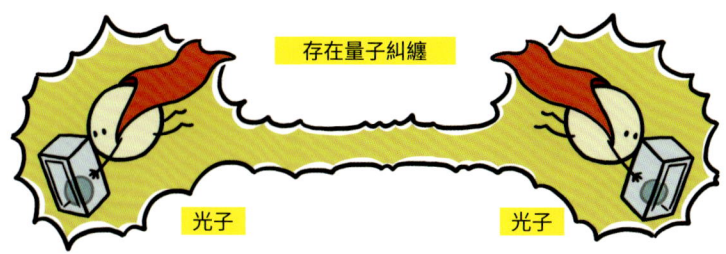

那麼，這種技術的厲害之處在哪裡呢？
第一，衛星在太空中飛行，不需要中繼就可以把兩個糾纏光子送到相隔上千千米的地點。

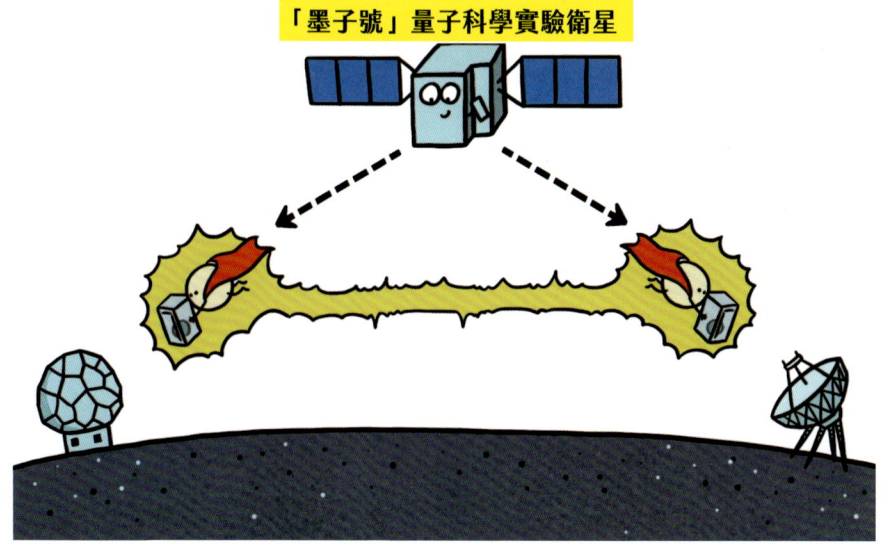

 進階的量子世界：人人都能看懂的量子科學漫畫

> 第二，更厲害的是，不用在路上設防！就算衛星是敵人造的，它也竊取不了其中的資訊。

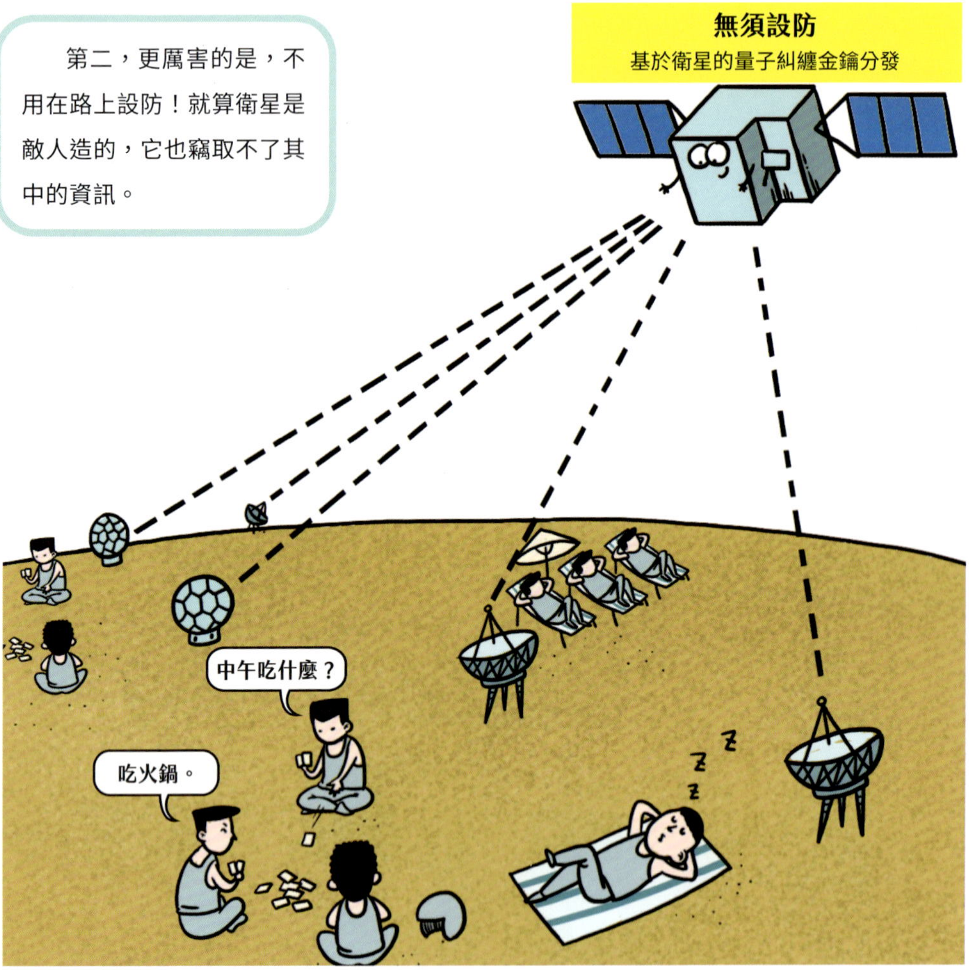

**無須設防**
基於衛星的量子糾纏金鑰分發

中午吃什麼？

吃火鍋。

　　2020年，中國科學技術大學潘建偉教授及其同事彭承志、印娟等與英國牛津大學阿圖・埃克特以及中國科學院上海技術物理研究所等單位的科學研究人員合作，首次完成了基於衛星的量子糾纏金鑰分發實驗。

　　他們在相距約1100千米的青海德令哈站和新疆南山站之間，共傳輸了3000個金鑰，實現了 0.43 bit/s 的金鑰傳輸速率。相關結果發表在《自然》（nature）雜誌上。也就是說，無中繼量子保密通訊的安全距離已經由以往的百千尺量級拓展到千千公尺量級了。

10

第一章

## （三）發展第二種量子金鑰分發技術的原因

簡單地說，每一種技術都有自己的適用場景。

我們回到開頭舉的例子。[1]

第一種技術（基於光纖和中繼）就好比普通的智慧手機，成本低、效率高、使用方便，用戶用過了都覺得不錯。第二種技術（基於量子糾纏）相對而言，有點兒像衛星電話，適用範圍更廣，技術更先進，不過離全面實用化還有一段距離。但是為了追求更高的安全性，必須發展第二種技術。

未來，這兩種技術是否能進行結合，實現集安全性和實用性為一體的量子通訊保密網路呢？還真是讓人有點期待呢！

進階的量子世界：人人都能看懂的量子科學漫畫

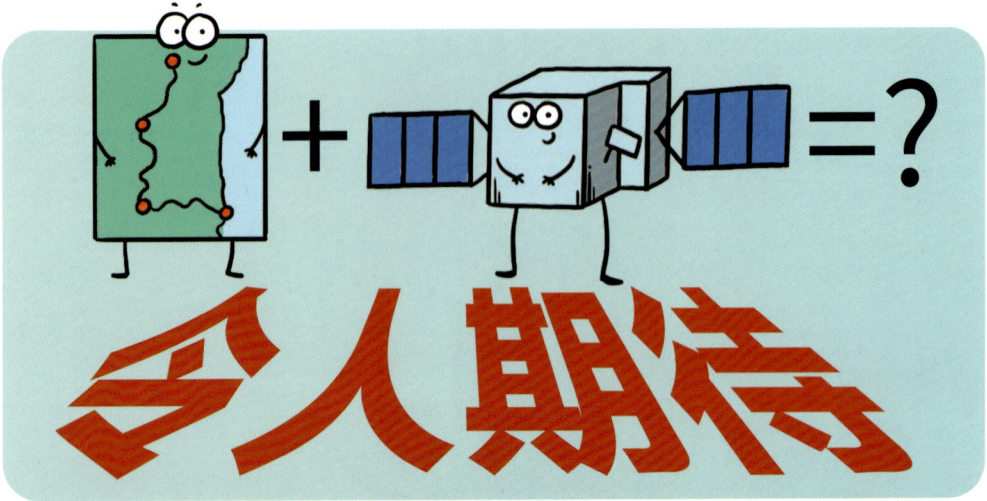

基於衛星的量子糾纏金鑰分發為什麼這麼厲害，無須設防呢？[1]

## （四）保密的關鍵在於量子糾纏

這就要說到「量子糾纏」這個老朋友了。

愛因斯坦曾經說過，**量子糾纏是一種鬼魅般的超距作用。**

第一章

比方說，假如牛魔王的衛星朝地面發出一對量子糾纏的光子，只要豬八戒這邊一測量，他就能瞬間知道孫悟空那邊的測量結果。

這個過程多重複幾次，只要豬八戒和孫悟空把各自的測量結果收集起來，他們就會立刻獲得一組完全**相同的金鑰**。

所以,表面上看是牛魔王的衛星發射糾纏光子,但實際結果是,豬八戒和孫悟空彼此之間傳輸了一組金鑰。

那麼問題來了,既然量子糾纏的光子是牛魔王發出的,那麼他能不能預測出豬八戒和孫悟空的測量結果呢?

第一章

答案是不能。

 進階的量子世界：人人都能看懂的量子科學漫畫

因為根據量子力學，牛魔王發出的糾纏光子的狀態是不確定的。你得先進行測量，才能知道它的結果到底是0還是1。

可是，每次的測量結果是隨機產生的。這就好比擲骰子，就算每次牛魔王發出的糾纏光子是一樣的，測量結果也可以是不一樣的。有時是0，有時是1。到底是0還是1，牛魔王只能瞎猜。

所以，金鑰到底是什麼，牛魔王根本不可能預測出來。[2]

於是，這種看起來還不夠成熟的技術，從物理原理的角度講，確實是**一種完全無須設防的保密通訊技術**。

當然，話也不能說得太絕對。我們說的完全無須設防，是指通訊線路無須設防。假如牛魔王把豬八戒和孫悟空抓住了，逼他們交出密碼，這就不是量子保密通訊能管得了的事兒啦。

# 第一章

在人類的科技史上,各種技術「各領風騷數百年」的情況時有發生。比如直流電和交流電,曾經相愛相殺,現在卻相濡以沫,共同為我們服務。

再比如,電動車比燃油車還要早誕生 50 年左右,卻被燃油車壓制了近百年,直到近年才有東山再起的跡象。

17

 進階的量子世界：人人都能看懂的量子科學漫畫

圖注：1834年，美國人湯瑪斯·達文波特發明了電動車，但沒有照片留下來。左圖是19世紀90年代的一款電動車。

所以，我們無法篤定地認為：現在最好用的技術，未來能一直保持優勢；現在看起來遙不可及的技術，未來也不一定無法實現。小孩子才做選擇題，科學家說：我們兩個技術都要發展。

注：

　　1.第一種技術（基於光纖的量子金鑰分發技術）在物理原理層面的安全性弱於第二種技術（基於衛星的量子糾纏金鑰分發技術）的安全性，僅僅是指在「物理原理層面」。在實際的工程實踐中，物理學家會透過中繼點保護、單光子源標定等一系列工程措施，來保證第一種技術實際上的安全性。

　　2. 這裡的介紹其實存在一個漏洞。如果兩個人一直以同一個方向來測量手上的糾纏光子，牛魔王其實也可以做相同的測量來預測兩個人的測量結果是 0 還是 1。所以，豬八戒和孫悟空必須約定兩種不同的測量方向，測量每一對光子時，他們都要在其中隨機選一種。

　　最後，他們需要透過經典通訊，聊一聊雙方每次選擇的測量方式是否一致。他們把測量方式相同時得到的結果留下，作為金鑰，同時把測量方式不同時得到的結果扔掉。這樣一來，漏洞就補上了。

　　實際上，第二種技術所採用的通訊協定，本來就要求通訊雙方必須隨機採用兩種不同的測量方向。本篇漫畫在介紹它的原理時，進行了必要的簡化。

　　其實，基於光纖的「京滬幹線」和基於衛星的量子糾纏保密通訊實驗，使用的是兩種不同的通訊協定。「京滬幹線」使用的是「通訊雙方透過發射和測量單個光子」而傳輸和產生金鑰，這是由物理學家本奈特和布拉薩德在1984年提出的，所以叫BB84協議。基於衛星的量子糾纏金鑰分發實驗使用的是「透過第三方，朝通訊雙方發射一對糾纏光子，並由通訊雙方進行測量」而傳輸和產生金鑰，這是由阿圖·埃克特在1991年提出（E91協議），並由本奈特、布拉薩德和默明在1992年改進的，叫BBM92協議。由於篇幅有限，本篇漫畫沒有詳細介紹這3個協議的細節，請感興趣的讀者自行查閱相關文獻。

# 第二章
# 摸著石頭過河：
### 在地球引力場中檢驗量子糾纏的穩定性

進階的量子世界：人人都能看懂的量子科學漫畫

量子力學已經誕生100多年了，也經過大大小小無數種實驗方案的檢驗，從來沒有出過紕漏。

但是，當人們試圖把量子力學和現代物理學的另一個核心——描述引力場的廣義相對論結合起來時，就可以預言一些普通的量子力學沒有預測到的新現象，而研究這類現象的實驗卻少之又少。

為了研究這個問題，中國實驗物理學家專門做了一個量子光學實驗。要想弄清楚這個實驗的來龍去脈，我們還得從頭說起。

20

# 第二章

## （一）只能摸著石頭過河

目前還沒有任何一個辦法，能把量子力學和引力理論完美地結合在一起。在過去幾十年中，有許多物理學大師被這個問題難住了。

連大師都沒搞定的問題，我們到底要怎樣才能夠進一步推進呢？在現代物理學家的眼中，要想在這個問題上有所突破，想要一步到位是不可能的。

21

 **進階的量子世界：人人都能看懂的量子科學漫畫**

我們只能先試探性地走出第一步，然後看看出現了什麼後果，再看看這個後果會產生什麼影響，如何消除這些影響。也就是說，**我們只能摸著石頭過河。**

既然是摸著石頭過河，那麼，從哪裡開始摸，冬天摸還是夏天摸，戴著手套摸還是光著手摸，這就是仁者見仁，智者見智了。在這個問題上，每個物理學家都有一套自己的辦法。比如，超弦理論、霍金輻射理論、圈量子引力論、黑洞火牆悖論，都是「摸石頭」的產物。

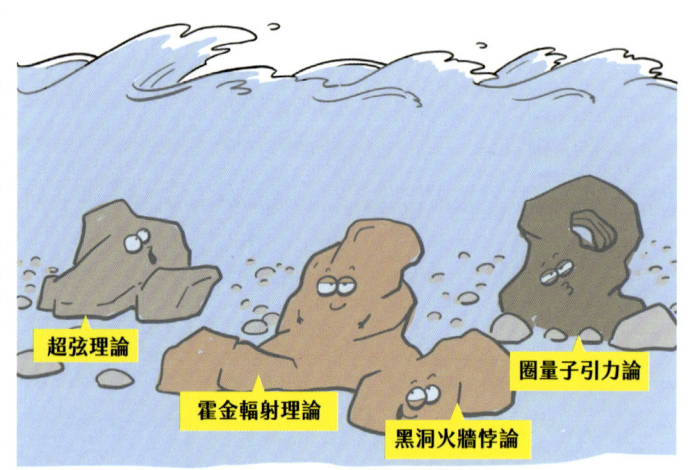

不過，檢驗這些理論對實驗的要求非常高。一個主要的原因是這些理論模型的預言都只能在極端實驗條件下檢驗，比如在極小空間尺度 $10^{-35}$m，或者是極高能標 $10^{19}$GeV，這些都遠遠超出目前可以達的實驗條件。別說我們這一代人了，也許再過100年，這些實驗也一個都不可能做出來。那麼問題來了。

這就要說到澳大利亞昆士蘭大學蒂莫西・拉爾夫教授等人摸到的「石頭」，它的名字很拗口，叫作**量子場理論的事件形式**。

22

# 第二章

蒂莫西・拉爾夫

## （二）為什麼要給量子場理論動手術

「量子場理論的事件形式」其實就是拉爾夫等人給傳統的量子場理論做了個微創手術。經過手術以後，量子場理論的新形式就能更好地跟引力理論相容。

具體地說，許多物理學家發現，我們現有的量子力學（包括量子場理論在內），一旦考慮引力的影響，就會產生很多詭異的結果。

比如，廣義相對論預言了一類被稱為「蟲洞」的奇異時空結構。

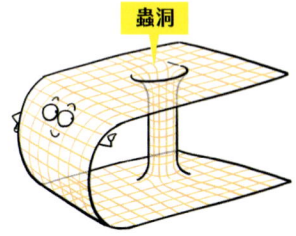

其實，按照美國理論物理大師惠勒的觀點，如果你拿一個超大型的並具有幾乎無限時間解析度的顯微鏡，在普朗克尺度（$10^{-35}$m）上觀察任何一處空間，就會發現，其中充滿了大量漲落著的微型黑洞和蟲洞，這種現象有時也被稱為「時空泡沫」。

23

 進階的量子世界：人人都能看懂的量子科學漫畫

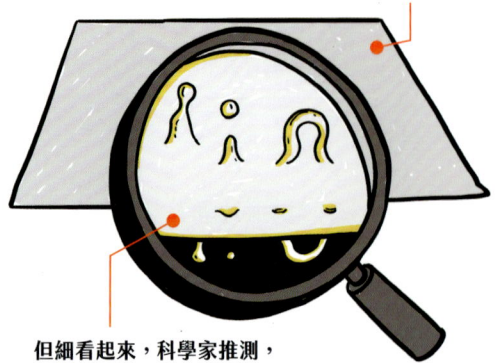

時空第一眼看起來很平坦

但細看起來，科學家推測，
其中可能會存在「時空泡沫」

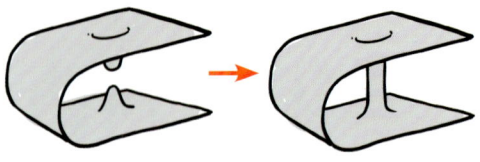

從原則上講，有可能存在某種物理機制，能把這些處於量子漲落的蟲洞給激發出來，形成穩定的蟲洞結構。

可能會存在「時空泡沫」

如果這些理論都是真的，那就麻煩了。因為蟲洞實際上可以破壞事件發生的時間順序，假如在空間中真的存在穩定的蟲洞結構，那麼許多基本粒子就有可能隨時穿過它，回到過去某個時刻的某個地方！

用物理學的行話來說，這種時空存在**閉合的類時曲線**，是一種因果律遭到挑戰的時空，是一塊危險的「石頭」，自然界不會允許這類時空結構存在。當然這只是一派人的觀點。

閉合的類時曲線

今天　明天

圖片來源：《科學美國人》

另一派人認為，這塊「石頭」表面上看很危險，實際上，如果我們把它安排好了，它就可以變成一塊墊腳石，幫助我們過河。這一派的代表人物有2017年諾貝爾物理學獎得主索恩，超弦理論專家波爾欽斯基，量子資訊理論專家德義奇。正是在這樣的動機下，拉爾夫等人給標準的量子場理論做了一個小手術，讓它能夠適應這種怪異的時空。那麼，這個手術是怎麼做的呢？

在拉爾夫等人看來,他們一旦給時空中的「兩個人」賦予了不同的數學符號,那就相當於他們把「一個沒有經過蟲洞的人存在於此時此地」看作一個事件,把「一個人經過蟲洞後再次存在於此時彼地」看作另一個事件。也就是說,他們把量子場理論改造成了一種對事不對人的理論,因此,這個理論就叫作**量子場理論的事件形式**。

那麼,拉爾夫等人的解決辦法到底對不對呢?雖然直接檢驗這種理論的難度,絲毫不低於其他理論,但拉爾夫等人還是提出了一個巧妙的方法。這就是本文開頭所說的,在地球引力場中做的量子光學實驗。

第二章

蒂莫西・拉爾夫

## （三）手術方案：對事不對人

拉爾夫等人做的手術其實很簡單，簡單說就是一句話：對事不對人。比如，如果把一個粒子看成一個人，然後讓這個人穿過蟲洞，回到過去某個時刻，遇到了過去的自己，然後跟過去的自己共存了一段時間。對於這種現象，我們如何用量子場理論來描述呢？在標準的量子場理論看來，這兩個人是同一個人，應該用同一個數學符號來描述。於是，在同一時刻，任何一個數學符號都有可能同時描述「兩個人」或「多個人」。這會產生極大的混亂。這就像一個班級裡，有兩個同學同姓同名，老師點名都沒法點。

既然問題是同姓同名，那麼解決辦法也很簡單，那就是除了名字之外，再給他們取一個（用數學符號寫成的）外號。用物理學行話說，拉爾夫等人向量子場理論中，**增加了一個額外的自由度**。這就是拉爾夫等人提出的手術方案。

25

# 第二章

## （四）在地球引力場中檢驗量子糾纏的穩定性

這個實驗的思想是：雖然地球上沒有蟲洞，但是地球的引力場會產生一種非常顯著的引力效應，叫作**引力場的時鐘延緩效應**。

簡單地說，以在周圍沒有引力場的時鐘為參考標準，某個時鐘附近的引力場越強大，這個時鐘的時間流逝速度就越慢。

我們自牛頓時代起就知道，地球的引力場在地表處最強。離開地表以後，引力場會逐漸減弱，減弱的速度服從牛頓的平方反比定律。因此，在太空中的衛星上的時鐘，就要比地面上的時鐘，走得稍微快一些。不僅時鐘走得快，在太空中，一切物理、化學、生物的反應，都要比地面上略快一些。只不過，這個略快的程度非常低，只有用極為精密的實驗才能測量出來。

27

 進階的量子世界：人人都能看懂的量子科學漫畫

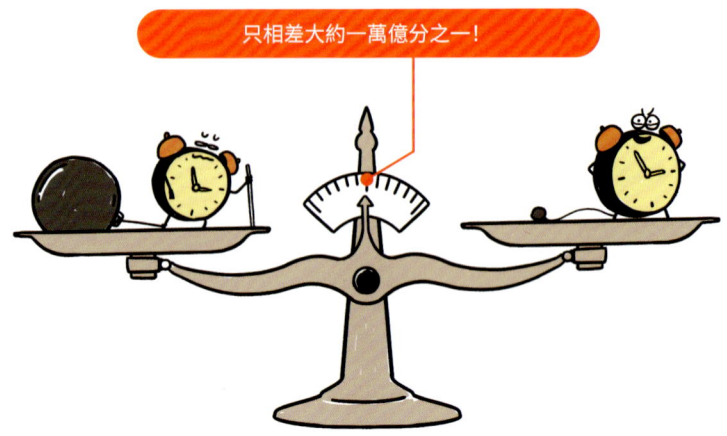

  拉爾夫等人提出，引力場的時鐘延緩效應，會向某些存在量子糾纏的光子對施加不可估量的影響。具體來說，這種影響會**導致光子對的量子糾纏部分消失**，並且，這種影響只有在事件形式理論中才存在，在標準的量子場理論中是不存在的。

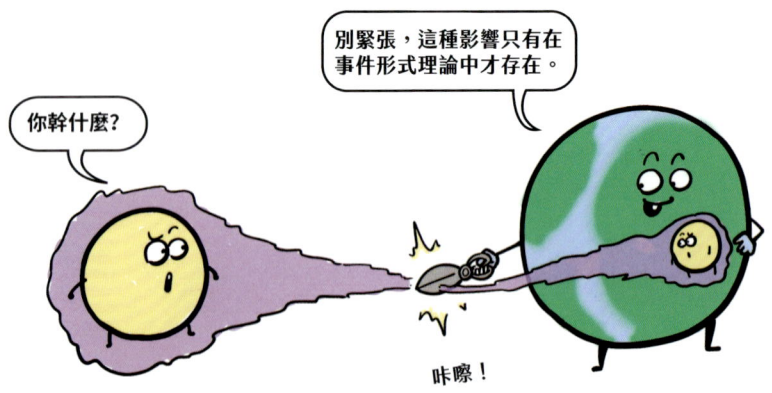

  因此，在地球引力場中檢驗量子糾纏的變化，就成了檢驗拉爾夫等人摸到的石頭能否成為過河墊腳石的最佳方案。

第二章

## （五）實驗結果：這屆石頭不行

說到這兒，就輪到實驗物理學家上場了。中國科學技術大學潘建偉教授及其同事彭承志、範靖雲等人與美國加州理工學院、澳大利亞昆士蘭大學等單位的科學研究人員合作，利用「墨子號」量子科學實驗衛星做了一個量子光學實驗。

這是國際上首次在太空中利用衛星開展的關於量子力學和引力理論關係的量子光學實驗研究。2019年9月19日，國際權威學術期刊《科學》（Science）雜誌以「快訊」（First Release）形式線上發佈了這一項研究成果。

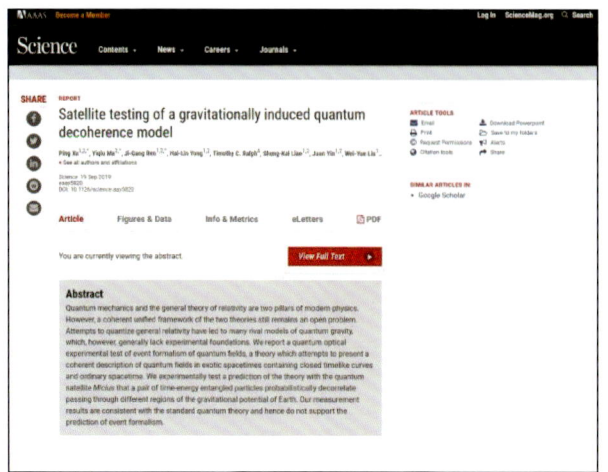

實驗過程大致是：在坐落於中國阿里地區的地面實驗站，實驗團隊先是製造了一對量子糾纏的光子對。

29

 進階的量子世界：人人都能看懂的量子科學漫畫

然後，他們讓其中一個光子飛到500千米高的「墨子號」量子科學實驗衛星上，被衛星搭載的儀器探測，並記錄下來。同時，他們讓另一個光子穿過地面上的線路，被地面儀器探測，並記錄下來。

透過比較不同光子到達儀器的時間，計算它們的「時間重合率」，實驗團隊就能搞清楚它們在到達實驗儀器之前，到底有沒有維持著量子糾纏的狀態。

根據事件形式理論，由於一個光子在地球上，一個飛到了太空中，受引力場的時鐘延緩效應影響，它們經歷的「時間流逝」是不一樣的。因此，它們的糾纏會迅速被破壞，未被破壞的比例只有100萬分之一。

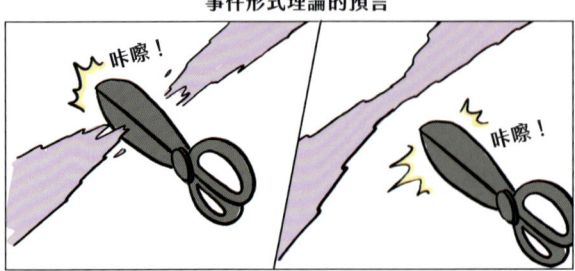

# 第二章

> 但實驗團隊的結果證明，保持量子糾纏的光子對的比例接近100%。因此，拉爾夫等人提出的事件形式理論就這樣被實驗否決了。

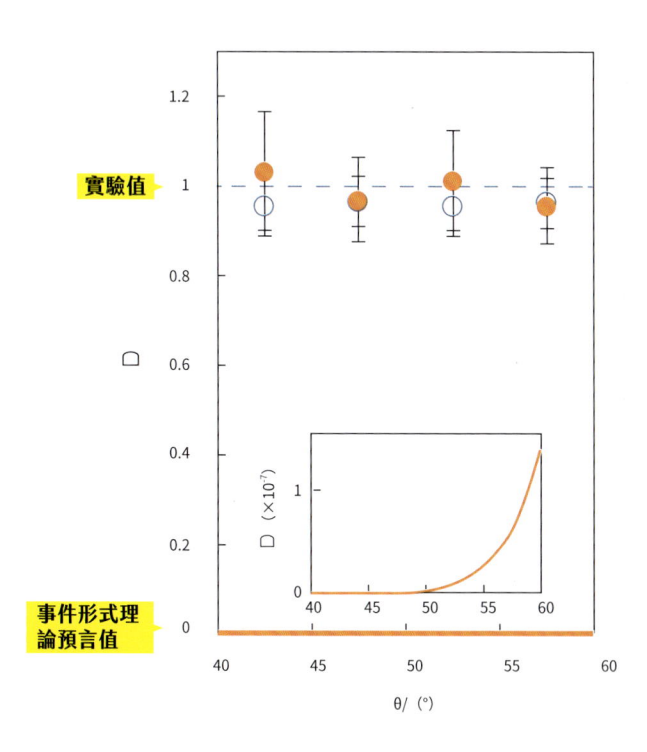

實驗值

事件形式理論預言值

$\theta/$ (°)

$D$

$D\ (\times 10^{-7})$

> 那麼，這是否意味著，用這種摸著石頭過河的方式不對呢？拉爾夫認為，這並不能說明我們不能這樣摸著石頭過河。這只能說明：這屆石頭不行！

在與實驗團隊仔細討論並分析了實驗結果後，拉爾夫立刻修改了他原來的理論，提出了事件形式理論2.0版本。在這個版本中，光子的糾纏不會迅速被破壞，未被破壞的比例可達到96%～98%。這樣一改，實驗精度的需求就大大提高，實驗團隊就難以再用「墨子號」量子科學實驗衛星檢驗它的真偽了。於是，要想打破砂鍋問到底，我們現有的手段都難以做到，只能等未來的合適機會，透過更精密更先進的實驗來檢驗它了。例如，研究團隊將來打算利用**中高軌衛星**，在更大的引力強度範圍內開展實驗。

總之，這個實驗告訴我們的結論只能是：**這屆石頭不行。數風流石頭，還看明朝**！請你不要笑。自物理學誕生以來，所有的物理學理論都是這樣發展出來的。你看到的每一個寫入教科書的理論，在提出之初，身邊都有無窮多的競爭者。在當時的物理學家看來，它們都是看起來比較扎手的怪石頭。物理學家只有一塊一塊地摸過去，把不好的扔掉，把好的留下來。有的當作墊腳石，有的當作橋樑的地基，有的當作教訓。這樣日拱一卒，堅持不懈，最終才有可能涉水過河，到達科學的彼岸！

第二章

參考文獻：

1. 賽先生、墨子沙龍，《「墨子號」再登 Science：引力會影響量子行為嗎？》，賽先生、墨子沙龍，2019-09-20.
2. Xu P, Ma Y, Ren J G, et al. Satellite testing of a gravitationally induced quantum decoherence model[J]. Science, 2019, 366(6461): 132-135.
3. Ralph T C, Pienaar J. Entanglement decoherence in a gravitational well according to the event formalism[J]. New Journal of Physics,2014, 16(8): 085008.
4. Ralph T C, Milburn G J , Downes T , Quantum connectivity of space-time and gravitationally induced decorrelation of entanglement[J]. Physical Review A, 2009, 79(2): 022121.
5. Friedman J, Morris M S, Novikov I D, et al. Cauchy problem in spacetimes with closed timelike curves[J]. Physical Review D, 1990, 42(6): 1915.
6. Billings L. Time travel simulation resolves "Grandfather Paradox"[J]. Scientific American, 2014(09),2.

# 第三章
# 如何讓 50 千米外的兩個原子,產生量子糾纏

第三章

生活水準提高，人們的需求也提高了。要是在以前，「樓上樓下電燈電話」，做夢都要笑醒。

現在可不行。電影要看3D，手機要連5G，送快遞要用無人機，就連廁所的馬桶蓋都是智能的了。

科學家也開始對現在的量子糾纏方案感到不滿意了！

你已經不能滿足我現在的需求了！

科學家

## （一）量子糾纏是一種資源

量子糾纏是什麼？量子糾纏非常重要。

從理論角度說，量子糾纏就是兩個粒子不是各過各的，而是結拜兄弟，在量子層面存在很強的關聯。

35

**進階的量子世界：人人都能看懂的量子科學漫畫**

> 即日起我們就是兄弟！

> 從今以後我們將同心同德，患難與共。

粒子 A　　粒子 B

簡單地說，兩個粒子形成量子糾纏後，只要測量其中一個，就相當於同時測量了另外一個。這兩個是一個整體。

> 誰踹我？！

> 啊，好痛，一定是我兄弟被欺負了！

粒子 A　　粒子 B

從實踐角度來說，量子力學就是一種資源。有了這種資源，你就能展開量子計算、展開量子保密通訊，在未來有可能創造巨大的社會財富。

這麼好的東西，為什麼科學家開始不滿意了呢？

量子

> 我彷彿找到致富的新方法了！

36

# 第三章

## （二）現有的量子糾纏方案，應用場景有限

科學家不是對量子糾纏的原理不滿意，而是覺得現有的遠距離量子糾纏方案，可應用的範圍不夠大。

現有的遠距離量子糾纏都是用光子實現的。光子這玩意兒大家都知道，只能以光速運動，永遠也不可能停下來。

這就產生了3個問題：

問題1：光子跑得越遠，衰減就越厲害，傳輸效率太低。

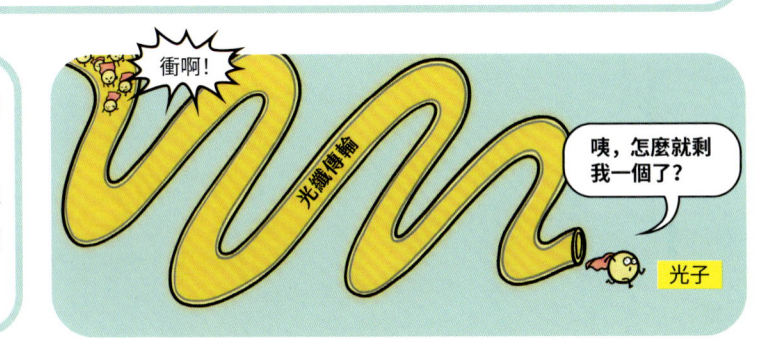

這就好比不可靠的快遞，你寄1000個快遞，他給你弄丟999個。

（美編：山小魈，難道你的快遞也在路上被弄丟了？）

進階的量子世界：人人都能看懂的量子科學漫畫

問題 2：光子停不下來，它攜帶的量子資訊也就停不下來。這就導致其中的量子資訊沒法在一個地方存儲。這就好比你有個快遞，每天在天上飛，你都不知道上哪兒找去。

問題 3：要想讀取光子的資訊，就要把光子吸收掉，即進行破壞性測量。這就好比你買了個光碟，只能讀一次資料，讀完以後隨身碟就壞了，你下次還得重新買一個，天天都得叫快遞。

38

# 第三章

> 要是繼續沿著原來的思路走，量子糾纏要麼不能「出村」，要麼就算「出了村」，運行效率也會很低。所以，科學家決定換一個思路：讓兩個原子產生量子糾纏。

我不讓光子糾纏了，我要讓原子糾纏！

## （三）如何讓兩個原子產生量子糾纏？

2019年12月，中國科學技術大學潘建偉、包小輝和張強，聯合濟南量子技術研究院、中國科學院上海微系統所的合作者，分別在22千米（室外）和50千米（室內）的距離上，用兩種方法，讓兩地的原子產生了量子糾纏。他們的研究結果發表在了《自然》雜誌上。

張強　潘建偉　包小輝　單光子探測器　學生代表1　學生代表2

A 地的原子　　B 地的原子

39

進階的量子世界：人人都能看懂的量子科學漫畫

為了說明實驗原理，我們先來看看，如何讓兩個原本不糾纏的粒子，產生量子糾纏。通常有兩招。

第一招：讓兩個粒子發生相互作用。

這個道理很簡單。假如有一個原子，有一個光子。用鐳射照一下原子，它們就有一定概率產生量子糾纏。研究組的第一步就是這麼做的。

**第一招：讓兩個粒子透過相互作用，產生量子糾纏**

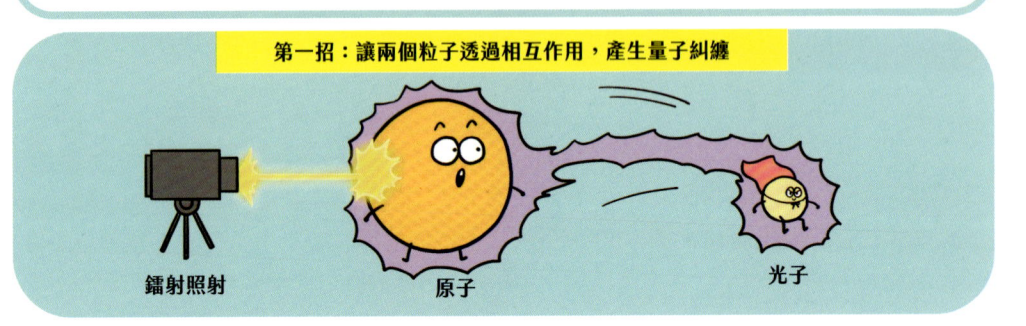

鐳射照射　　原子　　光子

第二招：進行特殊測量。

這個道理稍微有點兒複雜。這有點兒像，你腳底打滑摔了一跤。我可以說是你主動撞地球了，你可以說不知道怎麼回事，是地球主動撞你了。到底是誰主動，這是個相對的概念，從不同的角度看，結論就會不一樣。

兩個粒子的關係也是一樣的。你要是從一個角度看，這兩個粒子沒糾纏。你要是從另一個角度看，不得了，兩個粒子居然同時處於2種相互矛盾的糾纏態。

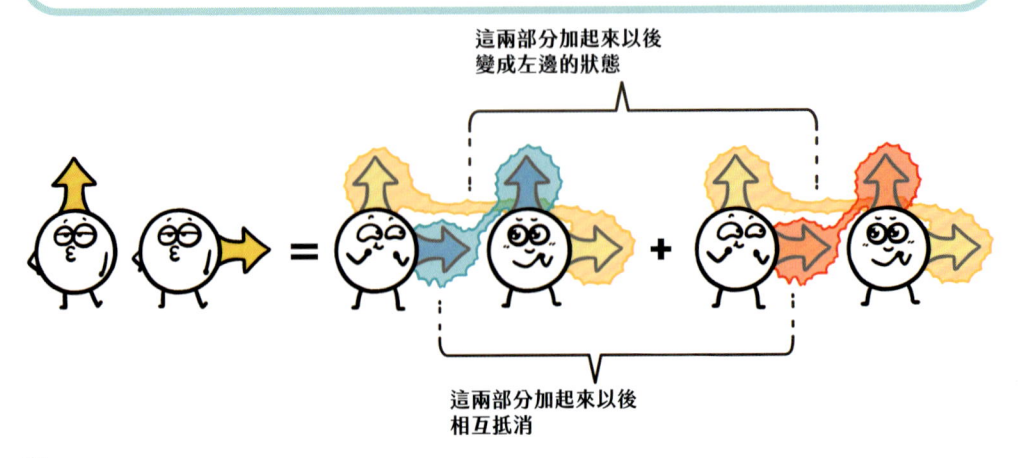

這兩部分加起來以後變成左邊的狀態

這兩部分加起來以後相互抵消

40

# 第三章

這個時候，科學家只要從糾纏的角度進行測量，就會讓這兩個粒子真的產生糾纏。研究組的第二步就是這麼做的。

第二招：從糾纏的角度對兩個粒子進行測量，也能形成量子糾纏。

## （四）如何讓相距50千米的兩個原子發生量子糾纏？

研究組就是透過聯合使用這兩招，讓相距50千米的兩個原子形成了量子糾纏。不過，實驗的具體原理很複雜。在此以畫馬教程為例，我剛說了開頭怎麼畫，現在要「踩油門」，進行思考加速，直接跳到馬畫好的樣子了。

進階的量子世界：人人都能看懂的量子科學漫畫

**怎樣畫馬**

① 畫兩個圓圈
② 畫上腳
③ 畫上臉
④ 畫上頭髮
⑤ 再添加其他細節就大功告成了！

請各位乘客抓好把手，繫好安全帶。

首先，以上說的方法不能直接用。為什麼？因為兩個原子不在一個地方，不可能直接發生相互作用，所以第一招不能直接用。兩個原子不在一個地方，不可能同時對他們進行測量，所以第二招也不能直接用。

那你說還能怎麼辦呢？

研究組心想，這就好比兩方談判。兩個大哥不在一個地方，但是可以派兩個小弟到一個地方談，談完了大哥再簽字認可不就完了？

所以，我們可以讓兩個原子各自派一小弟，讓這兩個小弟跑到一個地方接受測量。由於量子糾纏有個特性，就是兩個粒子結拜兄弟了，存在很強的關聯。你要是測了其中一個，就等於同時測了兩個。

小弟出去幫忙談判。

大哥A　小弟A　小弟B　大哥B

簽完字我們就是兄弟。

第三章

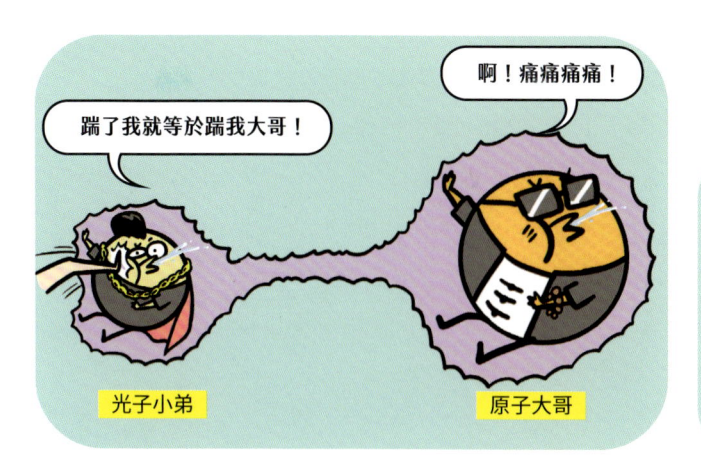

啊！痛痛痛痛！

踹了我就等於踹我大哥！

光子小弟　　　　　原子大哥

你要是讓兩個小弟跟大哥之間有糾纏，那麼如果兩個小弟之間形成了新的糾纏，就可以同時讓兩個大哥之間也形成新的糾纏。

和我小弟結拜就等於和我結拜！

以後大家都是兄弟！

光子小弟　　　　　原子大哥

想明白這件事，具體的實驗就好辦了。研究組先是用第一招，讓A地和B地的兩個原子，分別和兩個光子形成量子糾纏。這兩個光子就是小弟。

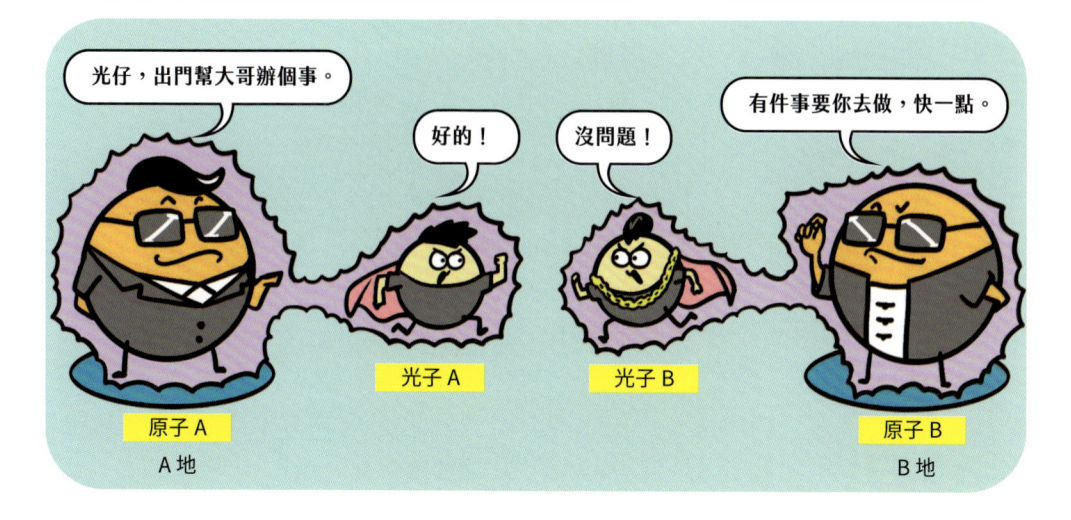

光仔，出門幫大哥辦個事。

好的！

沒問題！

有件事要你去做，快一點。

原子A　　光子A　　光子B　　原子B
A地　　　　　　　　　　　　　B地

43

進階的量子世界：人人都能看懂的量子科學漫畫

然後，研究組讓兩個光子來到 A 和 B 的中間，之後透過第二招，讓它們形成新的量子糾纏。

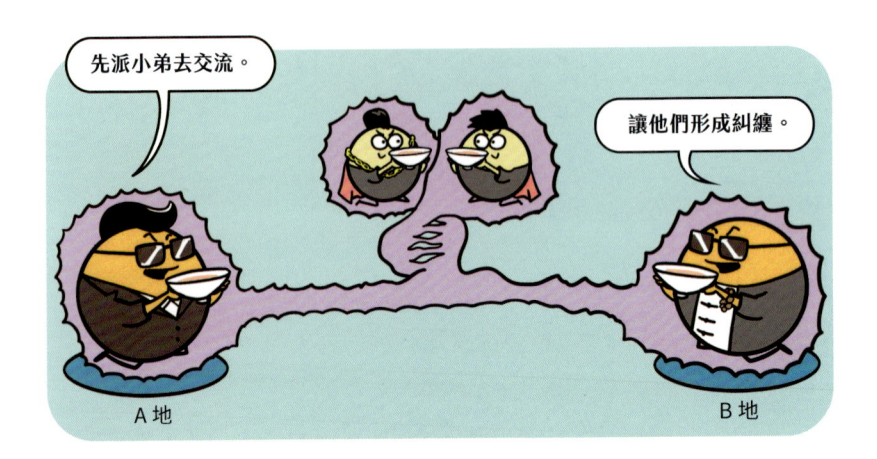

先派小弟去交流。

讓他們形成糾纏。

A 地

B 地

於是，另外兩個原子也同時因此而形成新的糾纏了。

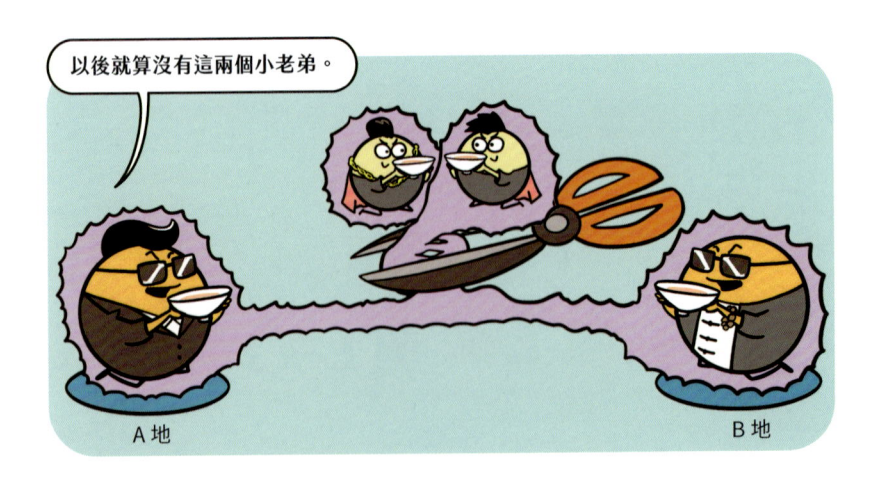

以後就算沒有這兩個小老弟。

A 地

B 地

# 第三章

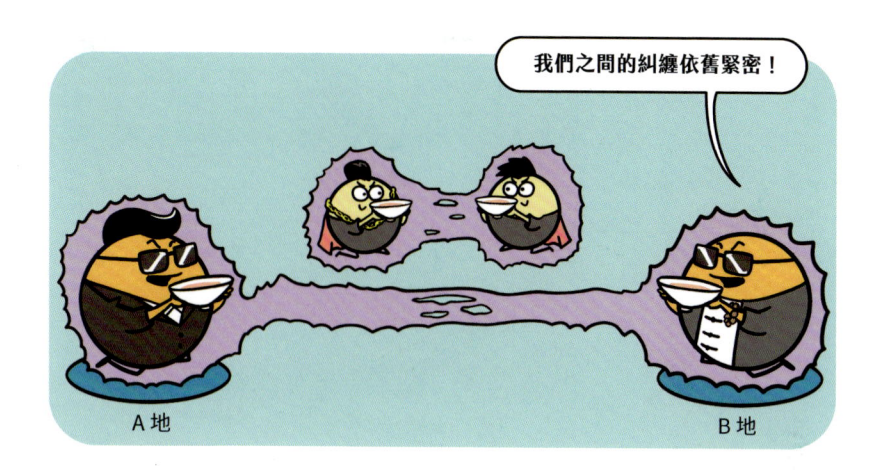

「我們之間的糾纏依舊緊密！」

A 地　　　　　　　　　　　　　B 地

這只是研究組使用的第一種方案——「雙光子」方案。

在此基礎上，研究組還使用了另一種「單光子」方案，並將糾纏距離延長到了50千米。這兩種方案的思路是一樣的，只是光子和原子糾纏的具體形式不同。

在「單光子」方案中，糾纏中的光子處於一種「既生又死」的疊加態中。

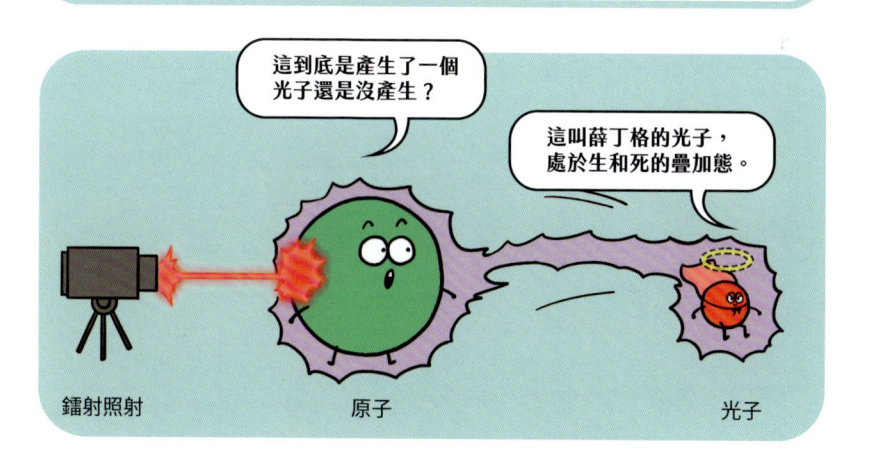

「這到底是產生了一個光子還是沒產生？」

「這叫薛丁格的光子，處於生和死的疊加態。」

鐳射照射　　　　原子　　　　　　　　光子

45

進階的量子世界：人人都能看懂的量子科學漫畫

雖然這麼做會增加實驗難度，但也有好處。這兩個「半死不活的光子」只要有一個活著把資訊送到，糾纏就能形成。

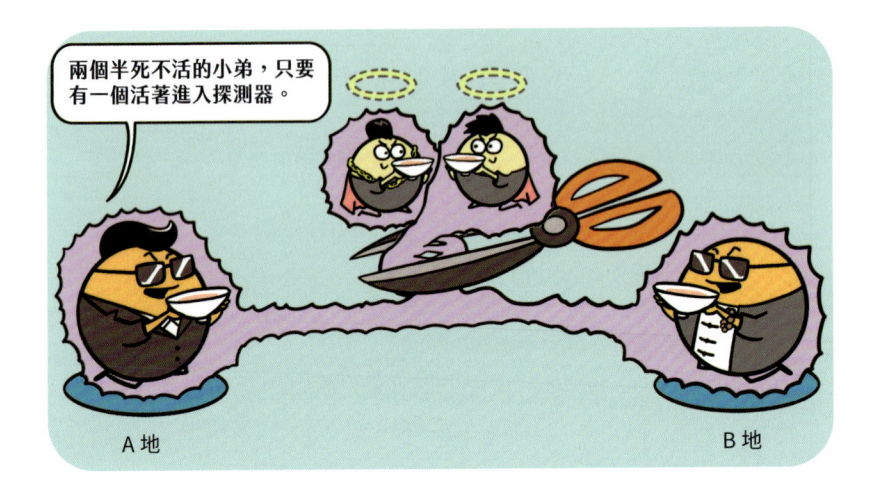

兩個半死不活的小弟，只要有一個活著進入探測器。

A 地　　　　　　　　　　　　　B 地

就能大大提高量子糾纏成功的概率。

A 地　　　　　　　　　　　　　B 地

第三章

因此，「單光子」方案的糾纏成功率更高。

|  | 難度 | 距離 | 糾纏成功率 |
|---|---|---|---|
| 單光子方案 | 高 | 50 千米 | 高 |
| 雙光子方案 | 一般 | 22 千米 | 一般 |

於是，量子糾纏終於成功「出村」了！

## （五）邁出「量子網際網路」基礎設施的第一步

才到鄉里……

這玩意能有多大用？

看到這兒，你可能有疑問。這兩個原子才距離50千米，也就相當於出了村剛到鄉里。

我可比那些整天亂跑的光子可靠多了。

收發室

原子

其實，這裡的關鍵在於，原子不會亂跑。它可以像網際網路的中繼器一樣，老老實實待在一個地方，收到資訊就存起來，需要發送的時候再發出去，不會動不動玩消失，也不會只用一次就壞了。

這是整天亂跑的光子做不到的。

所以，這個實驗相當於，做出了一個能「出村」的1量子比特的中繼器。將來要去更遠的地方，多弄幾個量子比特，再多弄幾個交換器，一個節點一個節點連過去就好了。

47

進階的量子世界：人人都能看懂的量子科學漫畫

也許到了將來的某一天，科學家可以用類似的思路，鋪設一套「量子網際網路」的基礎設施，讓遠距離、大規模、安全交換量子數據成為可能。

參考文獻：

1. Briegel H J, Dür W, Cirac J I, et al. Quantum repeaters: the role of imperfect local operations in quantum communication[J]. Physical Review Letters, 1998, 81(26): 5932.
2. Duan L M, Lukin M D, Cirac J I, et al. Long-distance quantum communication with atomic ensembles and linear optics[J]. Nature, 2001, 414(6862): 413.
3. Zhao B, Chen Z B, Chen Y A, et al. Robust creation of entanglement between remote memory qubits[J]. Physical Review Letters, 2007, 98(24): 240502.
4. Kimble H J. The quantum internet[J]. Nature, 2008, 453(7198): 1023.
5. Yu Y, Ma F, Luo X Y, et al. Entanglement of two quantum memories via fibers over dozens of kilometres[J]. Nature, 2020, 578(7794):240-245.

# 第四章
# 中國科學家研製出首個有潛在應用的量子計算原型機

進階的量子世界：人人都能看懂的量子科學漫畫

The Iron Horse Wins, Carl Rakeman（圖片來源：美國聯邦公路局）

> 火車剛發明的時候，速度都趕不上馬車。

萊特兄弟試飛（1902 年）（圖片來源：美國太空總署）

> 飛機剛發明的時候，只能在天上堅持飛 1 分鐘。

> 量子電腦剛發明的時候，速度快不到哪兒去，計算過程也堅持不了幾分鐘，而且最關鍵的是，不少人心裡總想：這會有什麼用呢？

> 這會有什麼用呢？

50

# 第四章

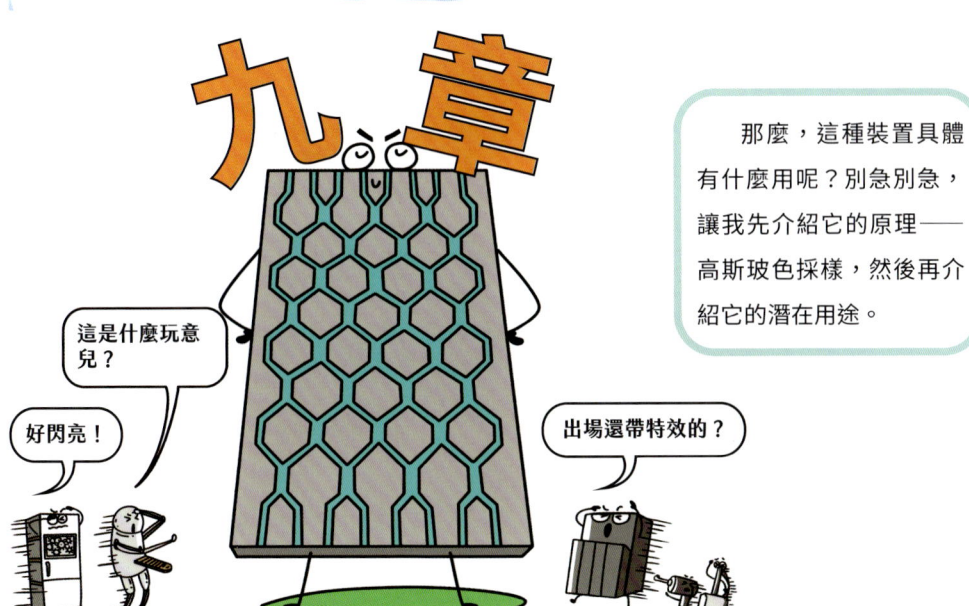

是什麼讓我們相遇？

當然是「沒用」二字。

緣分啊！

節食健身減肥冰箱

洗衣機器人

量子電腦

自動刷牙器

量子電腦到底有用嗎？本章就來介紹一款速度快、穩定性高、有潛在應用的新型量子計算裝置：「九章」。

## 九章

這是什麼玩意兒？

好閃亮！

出場還帶特效的？

那麼，這種裝置具體有什麼用呢？別急別急，讓我先介紹它的原理——高斯玻色採樣，然後再介紹它的潛在用途。

進階的量子世界：人人都能看懂的量子科學漫畫

## （一）什麼叫玻色採樣？

不管是量子電腦，還是普通的經典電腦，它們最基本的原理都是做數學計算。具體來說，你給它們一道題，然後稍微等上一會兒，它們就會給你一個計算結果。

問題1
問題2
問題3

這沒什麼，我也就是隨便算算。

答案1
答案2
答案3

我們來設想一道題。假如我有一大堆小球，把它們一個個地扔進一種叫作「蓋爾頓板」的裝置，該裝置中整整齊齊釘著幾十個釘子，下面還有許多出口。

下一期手工的題材有了！

蓋爾頓板

出口

52

# 第四章

接下來,請聽題:

## 小球掉在 3 號出口的概率等於多少?

如果你數學比較好,就會發現,解這道題需要用一個叫作「二項分佈」的統計學公式。

這個公式就是我的本體。

$$P_p(n|N) = \binom{N}{n} p^n q^{N-n}.$$

二項分佈

**演算法一**

來什麼算什麼,小意思!

二項分佈

經典電腦

=12.5%

假如我繼續追問,如何計算「二項分佈」的統計學公式,你又該怎麼辦呢?

你也許會想,這還不簡單,電腦不就是做這個的嗎?只要把「二項分佈」公式輸入經典電腦,稍微等一會兒,它就會扔給我們一個計算結果。

除了這種辦法以外，至少還有另外一種辦法，就是直接讓心靈手巧的人做一塊「蓋爾頓板」，然後往裡面扔 1 萬次小球。數一數 3 號口小球的數量，就能算出小球掉在3號口的概率。

焊完這個，我們就來驗收一下成果。

蓋爾頓板

演算法二

關鍵的一步：注入「靈魂」。

蓋爾頓板

第一種辦法叫硬算，第二種辦法叫採樣。

當然，如果不是有特殊需要，絕大多數人都會選擇第一種辦法，因為它很方便。

如果你扔的不是小球，而是量子力學中的光子呢？情況就完全反轉了。這個時候，採樣的辦法就會比硬算的辦法方便很多。

第四章

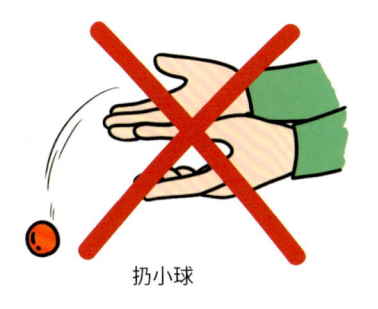

扔小球　　　　　　　　扔光子

由於光子在量子力學中被歸類為「玻色子」。所以，這樣的裝置就被量子計算專家稱為「玻色採樣」裝置。

說到這你可能不信，為什麼光子被扔進去以後，問題會變得那麼複雜呢？

「玻色採樣」裝置

## （二）玻色採樣為什麼那麼複雜？

這還不都是因為量子力學嘛！

遇事不決　量子力學！

55

量子力學賦予了光子很多匪夷所思的性質。

比如，如果一個小球從3號出口跑出來，那麼它中間走過的路徑一定是確定的。

瞧我們做的這個板子，讓這個小球的路徑，簡單且持久。

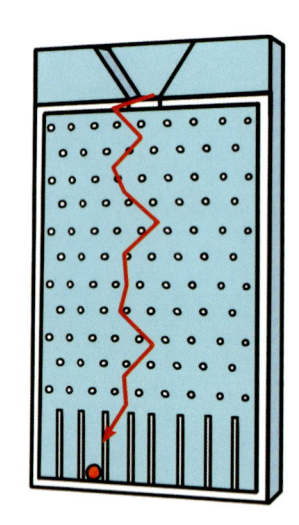

但光子不是這樣的。不管光子從3號口還是4號口跑出來，它一定是走過了其中所有可能的路徑！

而且，這還沒有完。

光子

這個真挺別致啊！就是看不明白啊！

1 2 3 4 5 6 7 8

56

進階的量子世界：人人都能看懂的量子科學漫畫

中國科學技術大學潘建偉、陸朝陽等組成的研究團隊與中國科學院上海微系統所、國家並行計算機工程技術研究中心合作，成功對從前的「玻色採樣」裝置進行升級，研製出N=76、具有潛在應用的量子計算原型機：「九章」。（以「九章」命名是為了紀念中國古代最早的數學專著《九章算術》。）

研究量子計算裝置，要做好打持久戰的準備。

潘建偉　陸朝陽　學生代表

2020年12月4日，《科學》雜誌以「快訊」形式發表了該項成果。

第四章

於是，在面對這樣的難題時，「玻色採樣」裝置就有了用武之地。由於它像電腦一樣，能夠在較高的精度上解決特定的數學問題，同時又應用了光子的量子力學特性，所以可以被稱作是一種「光量子電腦」。

看！我的採樣結果出來了！

光量子電腦

玻色採樣概率

積和式

那麼，$N > 50$ 的光量子電腦，物理學家能造出來嗎？

## （三）「九章」：探測76個光子的高斯玻色採樣機

雖然前面介紹的這種光量子電腦能解決特定的數學問題，但是這樣的數學問題並沒有明顯的應用價值。所以，能不能把它造出來，並不是本章要關注的問題。

本章要關注的是有潛在應用的光量子電腦，而這樣的光量子電腦的原型機已經有人造出來了。

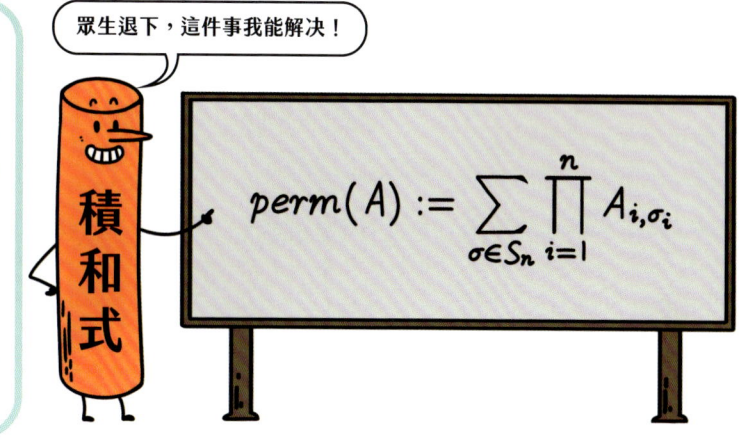

這時，要想計算「從N個不同的出口同時跑出光子」的概率，我們剛才說的「二項分佈」公式就不管用了，要用一種複雜的「積和式」公式來計算。

眾生退下，這件事我能解決！

積和式

$$perm(A) := \sum_{\sigma \in S_n} \prod_{i=1}^{n} A_{i,\sigma_i}$$

「積和公式」的計算複雜度會隨著N的增大而呈指數增長。

假如N的值很小，我們用經典電腦就可以計算出來。

但假如出口個數和光子數量稍微變大一點，那麼需要計算的「積和式」個數就會非常多，多到全世界的硬碟都裝不下。這時，要想用經典電腦來求解光子分佈的概率，就只能像剛才的第二種演算法一樣，進行採樣。

另外，對於單個「積和式」，比如N =50，即使是世界上速度最快的超級電腦，也要算上好幾個小時，才能完成一次採樣。所以，用經典電腦來生成大量樣本的方法也是行不通的。

N=50

積和式

這就是「公式」與「公式」之間的差距嗎？

二項分佈

第四章

如果小球經過兩條可能的路徑後，到達了3號出口，那我們就把兩條路徑對應的概率直接加起來就可以了。

沒錯，我這個板子算小球概率非常簡單。

概率①　概率②

兩個路徑的概率相加

概率 = ① + ②

兩個路徑的概率可能相加，也可能抵消，也可能部分相加或部分抵消

你怎麼還越來越複雜了呢？！

但光子不是這樣。光子的不同路徑之間不但可以相互疊加，還可以相互抵消，具體結果視情況而定，非常複雜。

而且，這還沒有完。
如果你每次不是放進去1個光子，而是同時放進去好多個光子。這些光子之間還會產生更複雜的量子統計效應。

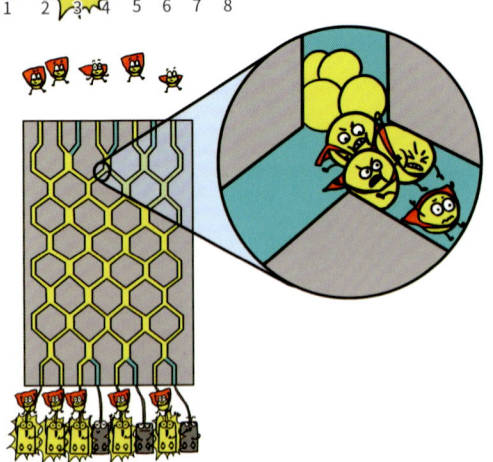

1 2 3 4 5 6 7 8

我服了，你們呢？

57

# 第四章

「九章」和之前說的玻色採樣機的主要區別在於,輸入的光子狀態。

玻色採樣機輸入的是一個個獨立的光子,而「九章」輸入的是一團團相互關聯的「量子光波」。

我是獨立的。

把幾個獨立的光子關聯成一團就是我了。

光子　　　　量子光波

這種「量子光波」有一種神奇的特性。假如你把一團這樣的「量子光波」放進採樣機中,可能會跑出來2個光子,可能會跑出來4個光子,也可能會跑出來6個光子……

但後面幾種情況發生的概率比較小,所以,這團「量子光波」總體上可以看作是由2個光子組成的。它有一個專門的名字,叫作「壓縮光」。

量子光波

有時是2個、有時是4個、有時是6個……

61

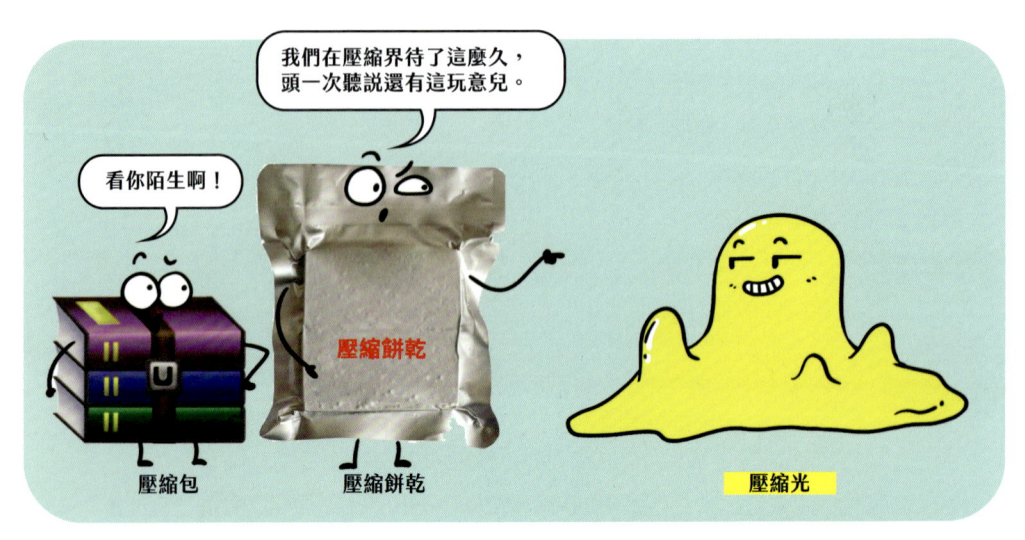

進階的量子世界：人人都能看懂的量子科學漫畫

我們在壓縮界待了這麼久，頭一次聽說還有這玩意兒。

看你陌生啊！

壓縮包　　壓縮餅乾　　　　　壓縮光

如果設置100個輸入口，從中選擇50個，分別輸入50團「壓縮光」，然後在100個出口處擺上探測器，一個高斯玻色採樣的量子計算原型機「九章」就做成了。由於「壓縮光」的特殊性質，「九章」最多時可以探測76個光子的採樣結果。所以，它相當於一台76個光子的量子計算原型機。

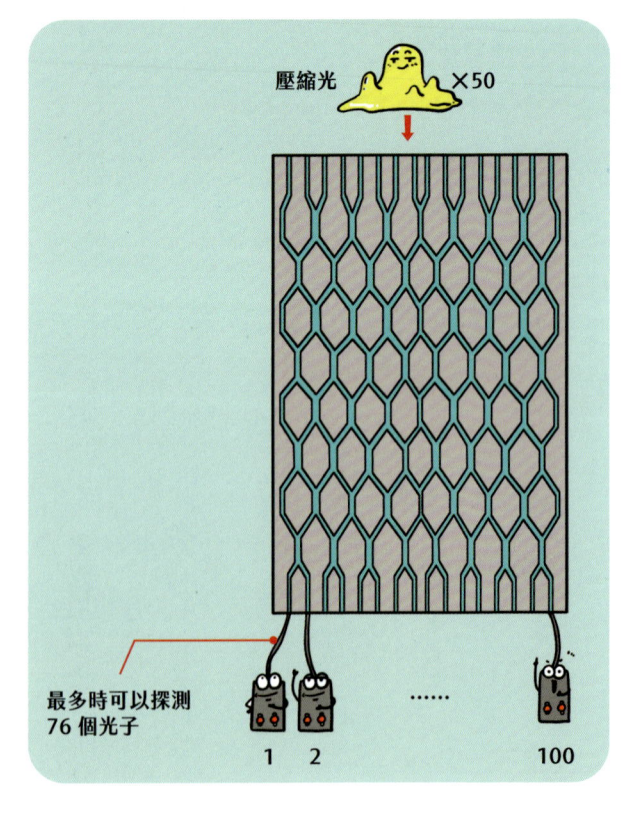

壓縮光 ×50

最多時可以探測76個光子

1　2　……　100

# 第四章

「九章」的研製展現了兩個重要突破。

首先，它比經典電腦快很多倍，真正體現出了「量子計算優勢」。

具體來說，它計算的問題已經不是上文說的「二項分佈」或者「積和式」問題了，而是一種「哥本哈根式」（Hafnian）問題[1]。

這個問題有多複雜呢？相關研究論文指出，要完成「九章」執行的任務，中國當時最快的「太湖之光」超級電腦，需要運行 25億年。

第四章

而這一切,「九章」只用了200秒。

所以,「九章」體現出了真正的「量子計算優勢」。

說到這兒你可能會問,這玩意兒真的有用嗎?

你沒聽錯!僅需 200 秒!就能得到你想要的答案!

九章的 10 ～ 76 個光子概率分佈的取樣結果

### (四)說明生物學家篩選藥物分子

　　最近,加拿大一位電腦學家指出,使用能進行高斯玻色取樣的光量子電腦,也許可以說明生物學家篩選藥物分子。

　　簡單來說,一種藥物要想發揮作用,它的分子就得像鑰匙搭配鎖一樣,能跟目標生物分子穩定地結合在一起。

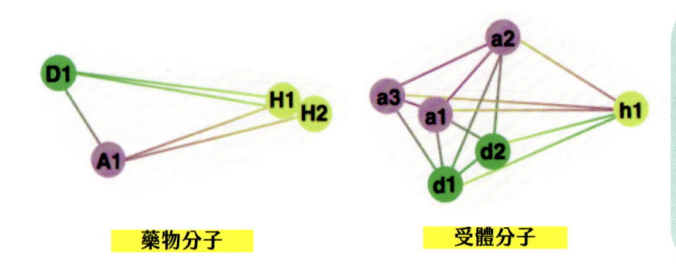

進階的量子世界：人人都能看懂的量子科學漫畫

藥物分子　　　受體分子

藥物分子　　　受體分子

但是，要想弄清楚一種藥物會不會發揮作用並不容易。因為藥物分子和目標生物的受體分子都是由大團原子組成的三度空間結構。

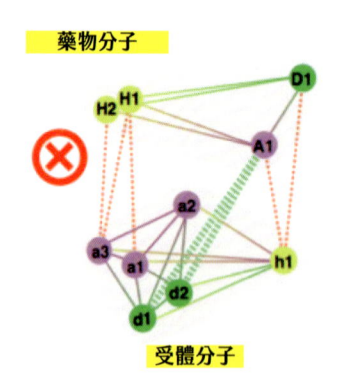

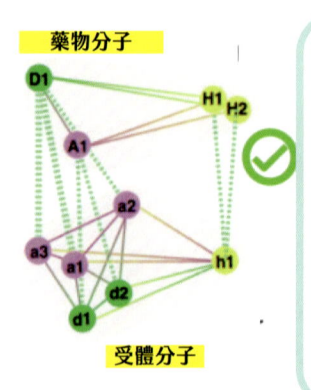

藥物分子　　　藥物分子
受體分子　　　受體分子

兩團原子到底能不能配在一起，這是一個非常複雜的量子力學問題，現有的電腦加在一起也不可能算出來。所以，生物學家即使設計出來一大堆藥物分子，他們也不可能用經典電腦判斷有沒有用。

66

第四章

但如果有了光量子電腦，那就不同了。

電腦學家會把兩大團原子的匹配問題，轉化成數學中的一種「圖論」問題。

如果把這種「圖論」問題寫成公式，正是我們在上文提到的「哥本哈根式」。這正是光量子電腦的拿手本領。

分子和分子結合　　圖論　　哥本哈根式

我們終於有用了！

我們們終於有用了！

現在你相信，光量子電腦有用了吧？

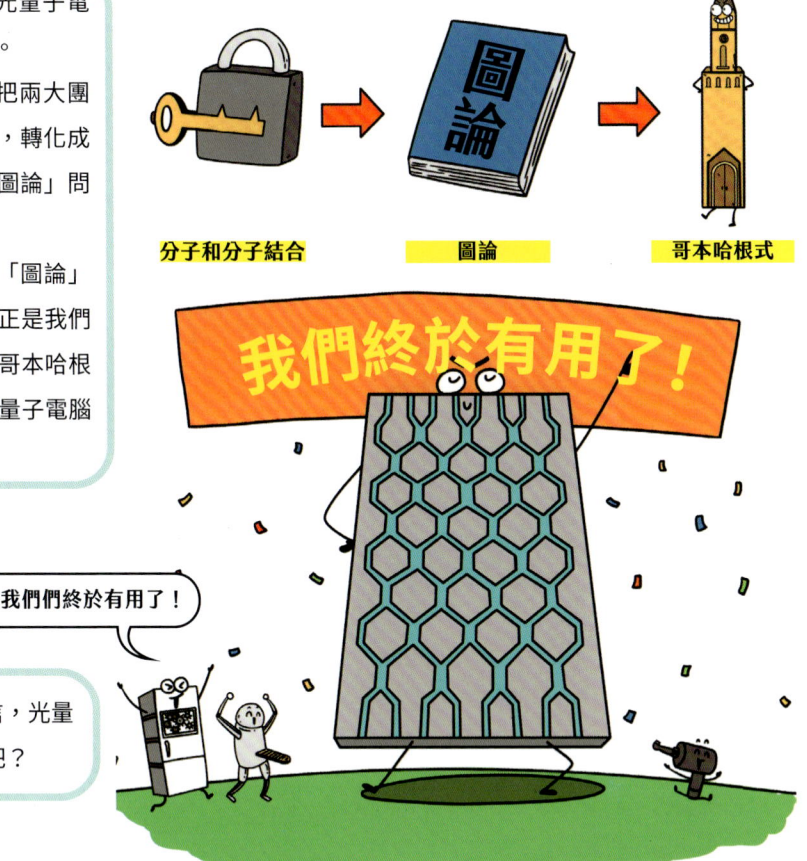

中國物理學家研製出的「九章」，不但體現了真正的「量子計算優勢」，而且還是一台具有潛在應用價值的量子計算原型機。

其實，大家不知道量子計算到底有什麼用，是一件很正常的事。因為量子計算就像其他技術一樣，需要經歷幾個不同的階段才能發展成熟。在初級階段，量子計算追求的是原理上的可行、實驗上的實現、計算效率的超越。

初級階段的量子計算，可能就像1804年的火車和1903年的飛機一樣，科學意義大於實用價值。

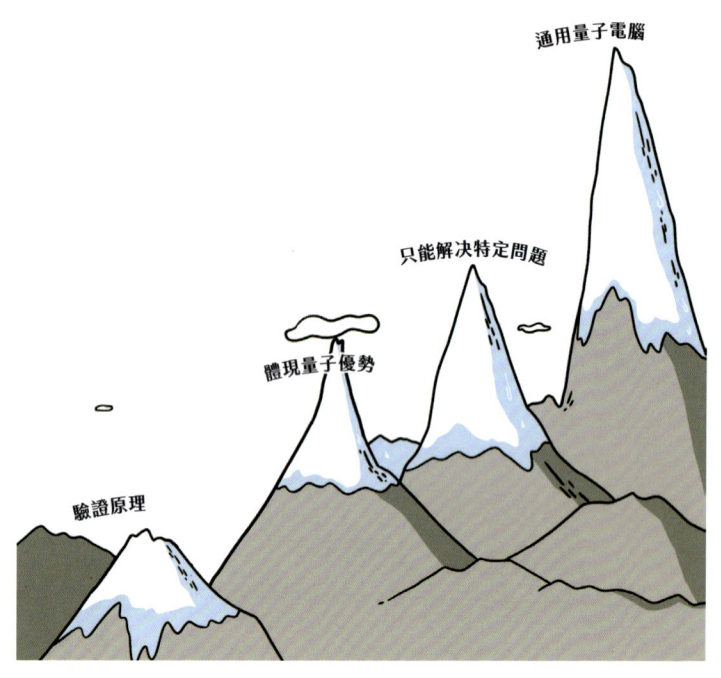

進階的量子世界：人人都能看懂的量子科學漫畫

通用量子電腦

只能解決特定問題

體現量子優勢

驗證原理

不管量子電腦現在有多麼初級，總有一天，它會像曾經的火車和飛機一樣，一步一步向我們走來。

加油，再堅持翻過3個山頭我們就成功

飛機

通用量子電腦

只能解決特定問題

體現量子優勢

驗證原理

衝呀！

火車

68

## 第四章

注：

1. 在拉丁文中，丹麥首都哥本哈根叫作Hafnia。所以，本文把Hafnian 譯作哥本哈根式。本實驗做算力基準測試時，實際使用的是哥本哈根式的推廣，叫作多倫多式（Torontonian）。

參考文獻：

1. Zhong H S, Wang H, Deng Y H, et al. Quantum computational advantage using photons[J]. Science, 2020, 370(6523):1460-1463.
2. Gard B T, Motes K R, Olson J P, et al. An introduction to boson-sampling[M]//From atomic to mesoscale: The role of quantum coherence in systems of various complexities. Chennai: World Scientific, 2015: 167-192.
3. Wang H, He Y, Li Y H, et al. High-efficiency multiphoton boson sampling[J]. Nature Photonics, 2017, 11(6): 361-365.
4. Hamilton C S, Kruse R, Sansoni L, et al. Gaussian boson sampling[J]. Physical Review Letters, 2017, 119(17): 170501.
5. Banchi L, Fingerhuth M, Babej T, et al. Molecular docking with gaussian boson sampling[J]. Science Advances, 2020, 6(23): eaax1950.

# 第五章
# 量子計算優越性 +2up：
### 中國團隊同時升級了兩種量子計算原型機

# 第五章

假設我們正在玩「扔硬幣」的遊戲。請你猜一猜，我扔出硬幣正面的概率是多少？

你肯定會說，這太簡單了！連小學生都知道，一枚硬幣扔出正面的概率是50%——如果其中沒有什麼不合常理的話。

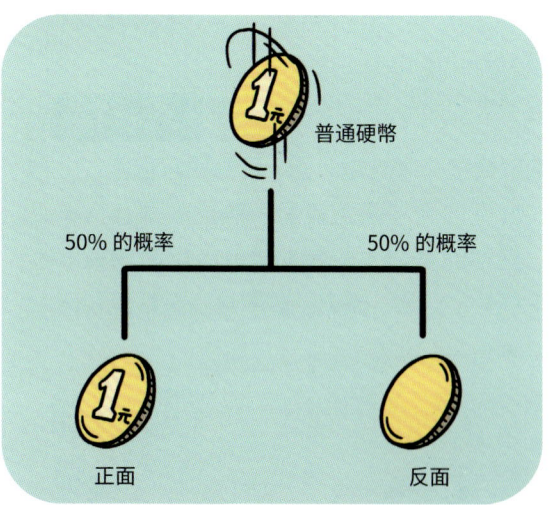

普通硬幣

50% 的概率　　　50% 的概率

正面　　　　　　反面

現在，我要問個難一點的問題：假如我們扔的不是普通硬幣，而是一枚量子硬幣呢？

這個時候，你可能就愣住了，會問：「量子硬幣是什麼東西呢？」

## （一）量子比特：一種量子的硬幣

世界上任何一台量子電腦裝置中，都包含一種量子的硬幣。這種量子硬幣有一個我們熟知的名字：**量子比特**。

進階的量子世界：人人都能看懂的量子科學漫畫

大家好，我是量子比特……

半死半活的比特犬　　　　量子比特

汪!!!

半死半活的比特犬　　　　量子比特

你走開!!!

嗷嗚……

量子比特是量子電腦操縱的基本資料單元。跟經典電腦中的經典比特類似，我們通常用 0 和 1 來表示它的兩種輸出。

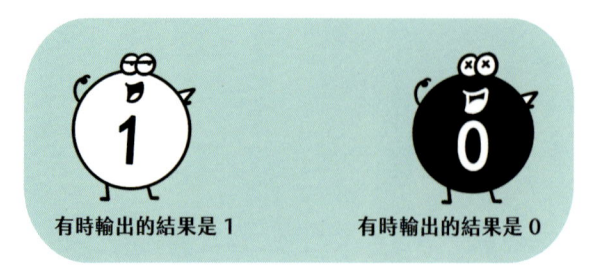

有時輸出的結果是 1　　　有時輸出的結果是 0

但跟經典電腦中的經典比特有所不同，一個量子比特不僅可以等於 0（或等於 1），它還可以處於一系列「同時處於 0 和 1」的量子疊加狀態。

# 第五章

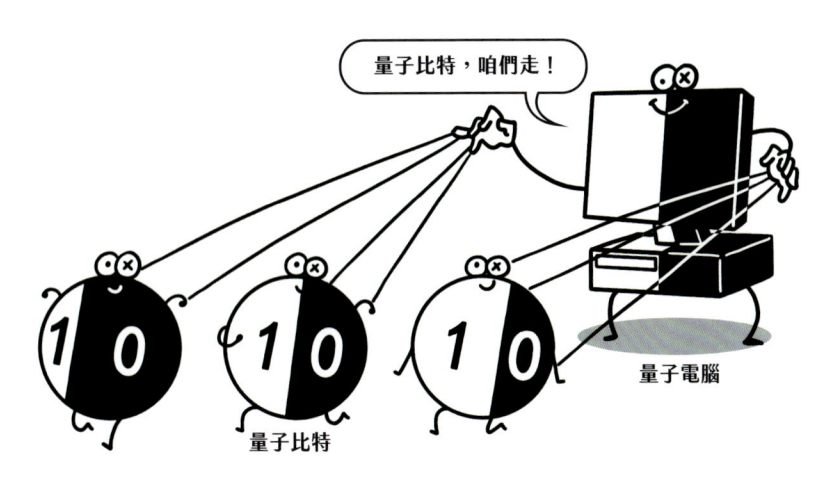

量子比特,咱們走!

量子比特

量子電腦

## 讀取

隨機

一定概率　一定概率

變!　變!變!

　　那麼,為什麼我們可以把量子比特看作一種量子硬幣呢?

　　這是因為,當一個量子比特處於某個「同時處於 0 和 1」的量子疊加狀態時,如果你要從量子電腦中讀取它,它並不是直接輸出這個疊加狀態給你看,而是會立刻改變原先的量子疊加狀態,並隨機地變成「等於 0」或「等於 1」的狀態,再輸出給你看。

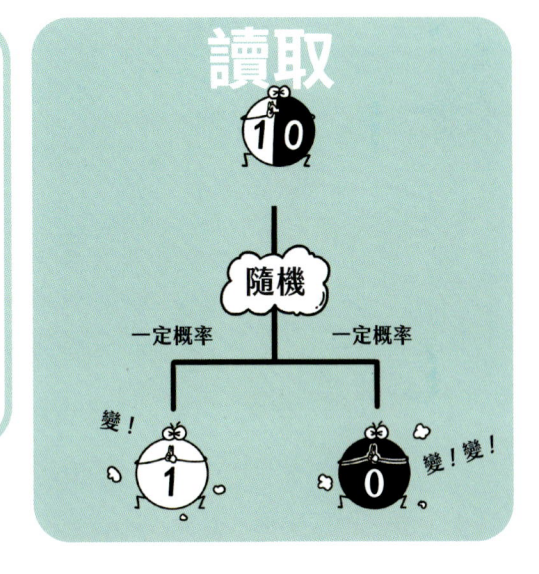

　　也就是說,讀取一個量子比特的過程,就像你在扔一枚量子硬幣,完全是隨機發生的。

73

同時，讀取一個量子比特的結果，也像你在扔一枚量子硬幣，結果要麼是 1（如同硬幣的正面），要麼是 0（如同硬幣的反面），絕對不會存在其他結果。

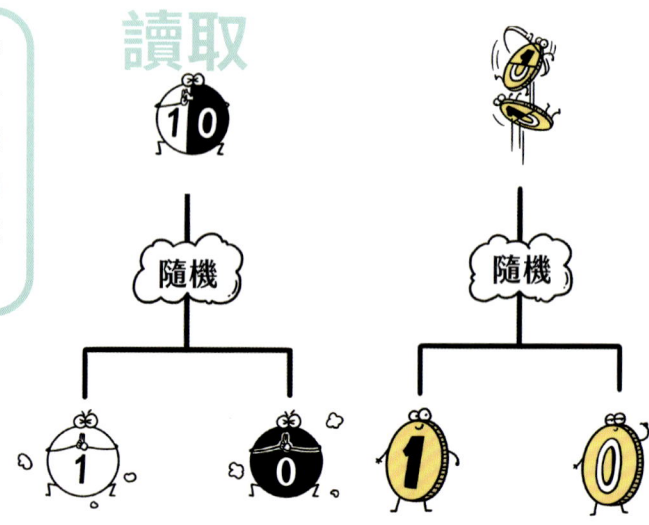

如此看來，量子比特真的可以看成某種基於量子力學原理的硬幣。

瞭解了量子比特就是一種量子硬幣，我們再回到剛才的問題：假如我們扔出一枚量子硬幣，它正面朝上的概率是多少呢？

## （二）概率的概率分佈：量子硬幣的輸出

對於這個問題，物理學家的回答是，這要看量子比特具體處於何種量子狀態。 一枚普通硬幣，只要隨機地扔出去，出現正面和出現反面的概率一定各占50%。但對於量子硬幣（量子比特）來說，情況就不一樣了。

# 第五章

處於某種特殊量子狀態的量子硬幣，不管你怎麼扔，它出現正面的概率都是100%。

處於另一種特殊量子狀態的量子硬幣，不管你怎麼扔，它出現正面的概率都是0。

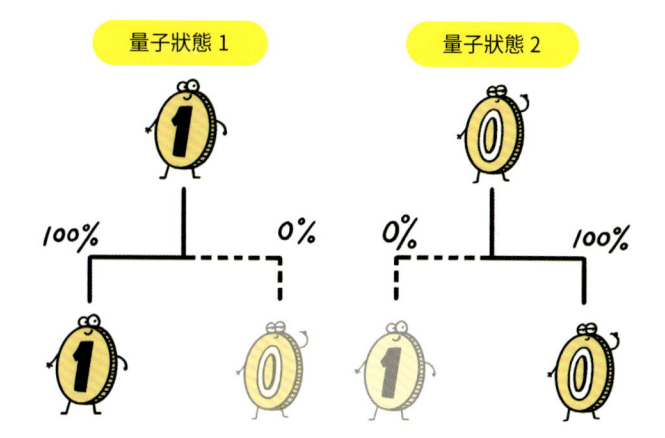

量子狀態 1

量子狀態 2

同理，處於各種量子疊加狀態的量子硬幣，不管你怎麼扔，它出現正面的概率都是固定不變的，我們記作 $x$；同時，它出現反面的概率也是固定不變的，等於100% - $x$。只不過，對於某些量子疊加狀態而言，$x$ = 10%；對於另一些量子疊加狀態而言，$x$ = 13.6%……總之，根據所處量子狀態的不同，$x$ 可以在 0 到 1 之間任意取值。

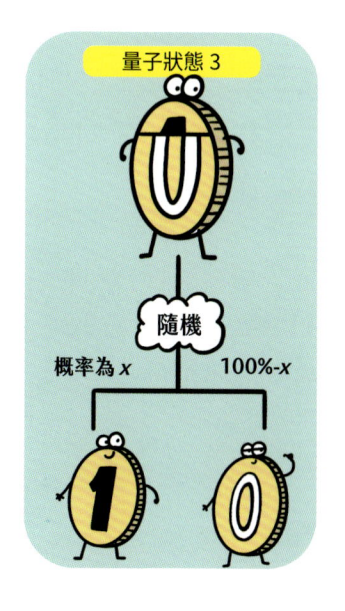

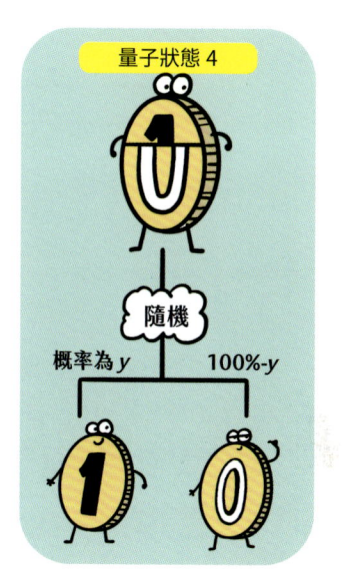

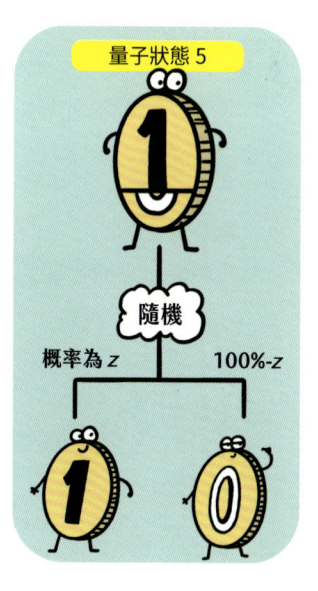

量子狀態 3

隨機

概率為 $x$    100%-$x$

量子狀態 4

隨機

概率為 $y$    100%-$y$

量子狀態 5

隨機

概率為 $z$    100%-$z$

所以，要想知道量子硬幣扔出以後正面朝上的概率，我們就得預先知道這枚量子硬幣處於以上哪種情況。用物理學的行話來說，**我們得預先知道這個量子比特處於哪一種量子狀態。**

可是，如果我不告訴你這枚量子硬幣屬於以上哪種情況呢？或者說，我們根本不知道這個量子比特處於哪一種量子狀態呢？

這時，物理學家能給出的唯一合理答案是，以上情況皆有可能，每種情況的出現都對應一定的概率。如果「把正面朝上的概率大小」畫成一張概率分佈圖，那麼你就會看到右邊這樣的圖。

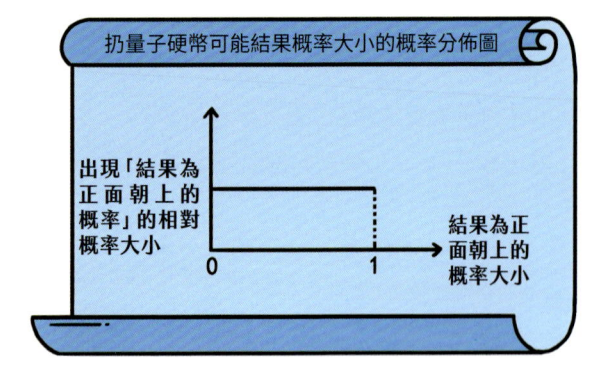

這張圖的意思是：

我們有 1% 的概率得到一枚處於特定量子狀態的量子硬幣，將它「扔出正面朝上的概率為0～1%」；我們有 1% 的概率得到另一枚處於不同特定量子狀態的量子硬幣，將它「扔出正面朝上的概率為 1%～2%」……我們有 1% 的概率得到又一枚處於不同特定量子狀態的量子硬幣，將它「扔出正面朝上的概率為99%～100%」

# 第五章

這就是物理學家對這個問題能給出的最好回答。

為什麼這個回答這麼繞呢？因為量子力學算出來就是這個結果。由於計算過程涉及一定的數學知識，在此就不具體討論了。

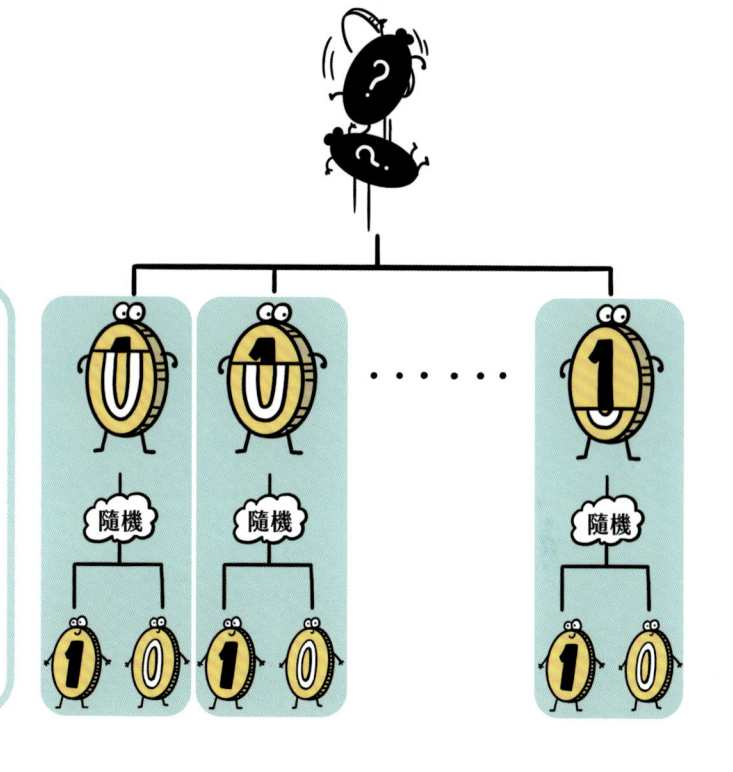

你只需要知道，假如扔出一枚量子硬幣，問它正面朝上的概率是多少。正確的答案不是一個具體的概率值，而是一張關於概率大小的概率分佈圖，就可以了。

現在，我又要提高問題難度了：假如我們扔的不是一枚量子硬幣，而是一枚具有$2^N$個面的多面量子骰子呢？

該我出場啦！

進階的量子世界：人人都能看懂的量子科學漫畫

## （三）體現量子計算優越性：扔出 $2^N$ 個面的多面量子骰子

說到這兒，你可能會有點兒不耐煩了。我們好不容易搞清楚了一枚具有正反面的量子硬幣怎麼扔，現在為什麼突然要去研究具有 $2^N$ 個面的多面量子骰子呢？

這是因為，這個問題涉及量子電腦的優越性。

我們經常聽物理學家誇量子電腦，說量子電腦千好百好！那量子電腦到底好在哪兒呢？

用一句話概括量子電腦的好處，就是：量子電腦在計算某些特定問題時，比經典電腦高效得多！相比量子電腦，世界上最高級的經典電腦在處理某些特定問題時，效率跟水熊蟲跑馬拉松、慢得像蝸牛拖火車一樣、樹懶爬珠穆朗瑪峰差不多。

這就叫**量子計算的優越性**。

78

# 第五章

於是問題又來了,量子電腦在處理哪些特定問題時,能夠切實體現量子電腦的優越性呢?

其中一個問題,就是我們剛才說的,扔一枚具有 $2^N$ 個面的多面量子骰子。

我算出來啦!

量子電腦

跟扔量子硬幣不同,扔一枚具有 $2^N$ 個面的多面量子骰子,我們得到的不是正面朝上或反面朝上兩種結果,而是會得到1號面朝上、2號面朝上……$2^N$號面朝上,共 $2^N$ 個不同的結果。這些結果分別對應 N 個量子比特輸出「000…0」(N個0)、輸出「000…1」(N-1個0和1個1)……輸出「111…1」(N個1),共 $2^N$ 個不同的結果。

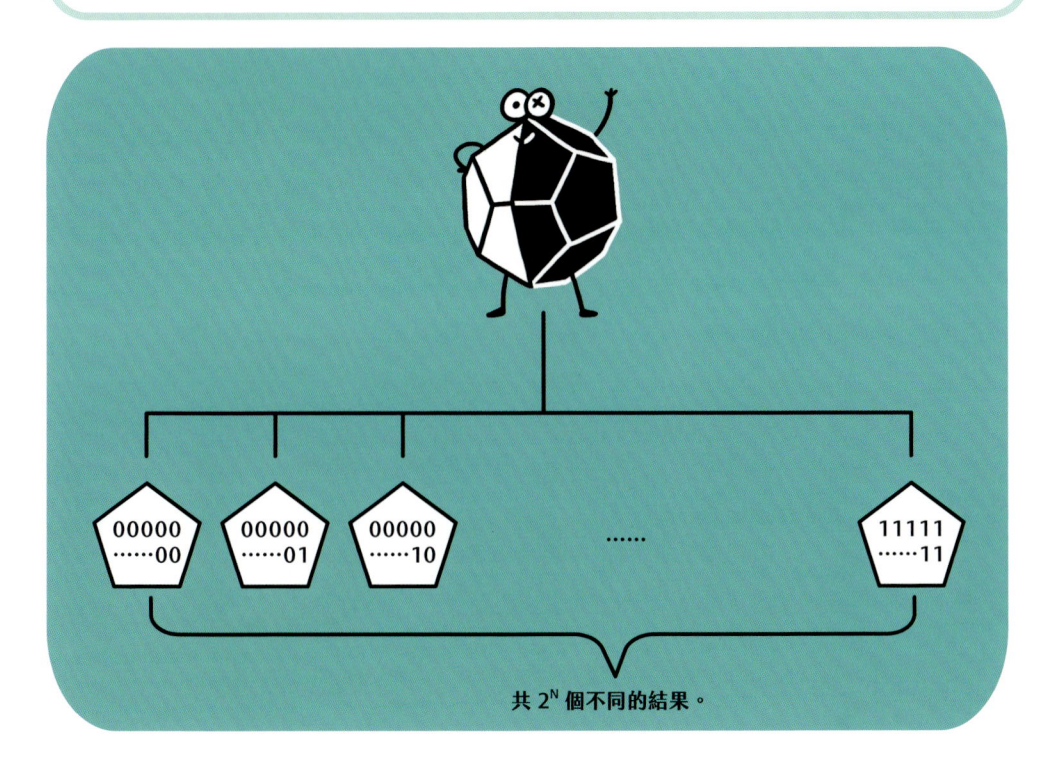

00000……00　00000……01　00000……10　……　11111……11

共 $2^N$ 個不同的結果。

跟扔量子硬幣類似，對於一枚特定的多面量子骰子，它1號面朝上、2號面朝上……$2^N$號面朝上的結果出現的概率都是固定不變的。這些概率的具體數值取決於扔骰子時，骰子對應何種量子狀態。

同樣，跟扔量子硬幣類似，多面量子骰子本身可以處於各種不同的量子狀態。如果兩個多面量子骰子所處的量子狀態不同，它們扔出各種結果的概率也往往會各不相同。

## 概率各不相同

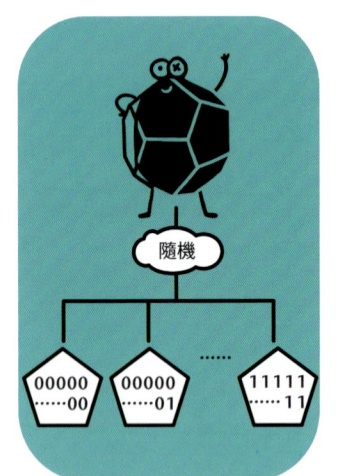

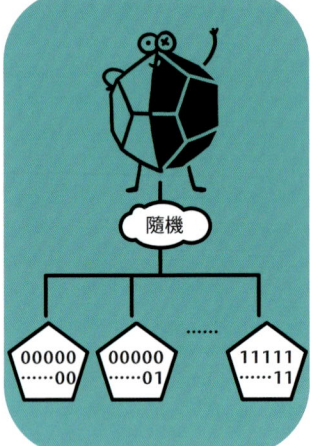

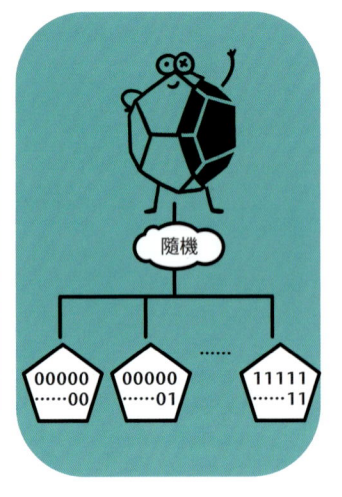

最後，仍然跟扔量子硬幣類似。如果我問，扔一枚多面量子骰子，得到1號面朝上、2號面朝上……$2^N$號面朝上的結果出現的概率分別是多少？

你只能回答：我們有 $a$% 的概率得到一枚處於特定量子狀態的多面量子骰子，它1號面朝上、2號面朝上……$2^N$號面朝上的結果出現的概率分別是 $a_1$%、$a_2$%、$a_3$%……

我們有 $b$% 的概率得到一枚處於另一種特定量子狀態的多面量子骰子，它1號面朝上、2號面朝上……$2^N$號面朝上的結果出現的概率分別是 $b_1$%、$b_2$%、$b_3$%……

……

這個問題回答起來實在是太麻煩了。所以，為了簡單起見，我們把最終所有可能的結果畫成一張概率分佈圖。

# 第五章

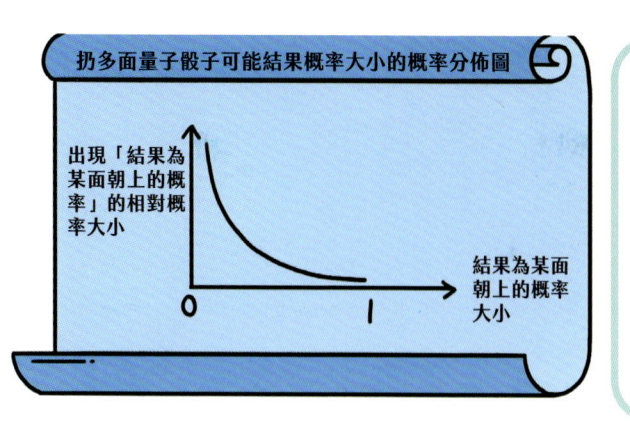

**扔多面量子骰子可能結果概率大小的概率分佈圖**

出現「結果為某面朝上的概率」的相對概率大小

結果為某面朝上的概率大小

這張圖的意思是說，不管是1號面還是2號面還是3號面朝上，我們把所有結果都簡化成「那些以 1% 概率朝上的面」和「那些以 2% 概率朝上的面」和「那些以 3% 概率朝上的面」……以及「那些以 99% 概率朝上的面」。最終，我們把以這些概率出現的面的概率畫成一張概率分佈圖。

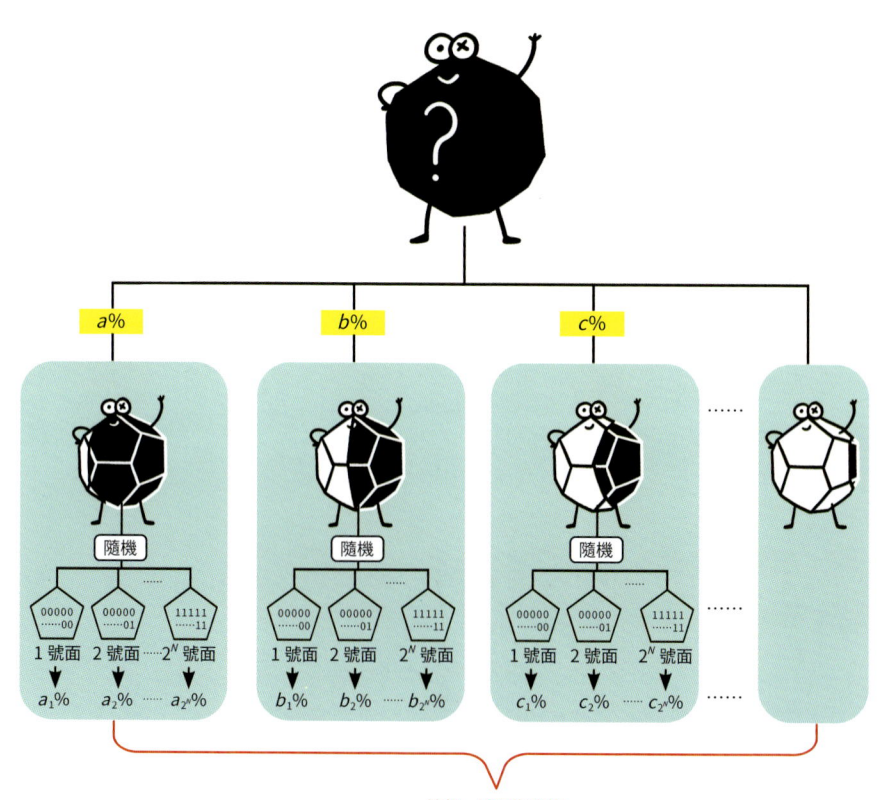

$a\%$　　$b\%$　　$c\%$

隨機　　隨機　　隨機

00000 00000 11111
 00   01  …… 11
1號面 2號面 …… $2^N$ 號面
$a_1\%$ $a_2\%$ …… $a_{2^N}\%$

00000 00000 11111
 00   01  …… 11
1號面 2號面 …… $2^N$ 號面
$b_1\%$ $b_2\%$ …… $b_{2^N}\%$

00000 00000 11111
 00   01  …… 11
1號面 2號面 …… $2^N$ 號面
$c_1\%$ $c_2\%$ …… $c_{2^N}\%$

泊松－湯瑪斯分佈

81

透過計算我們可以得出，當 N 很大時，這個概率分佈圖服從一種名為「泊松-湯瑪斯」分佈的概率分佈。

$$P(p) = Ne^{-Np}$$

這就是物理學家對這個問題能給出的最好回答。

為什麼這個回答比剛才的量子硬幣的問題回答還要繞呢？因為量子力學算出來就是這個結果。

由於計算過程涉及更複雜的數學知識，在此同樣不具體討論了。

你只需要知道，假如我扔出一枚具有 $2^N$ 個面的多面量子骰子，要想知道會得到什麼樣的結果，正確的答案不是一組具體的概率值，而是一張「泊松-湯瑪斯」的概率分佈圖，就可以了。

那麼問題來了，我們真的能用量子計算裝置，實現扔$2^N$個面的多面量子骰子的物理過程，從而證明量子計算的優越性嗎？

答案是真的可以。只不過，在物理學的行話體系中，這個過程不叫「扔$2^N$個面的多面量子骰子」，而是叫「對 N 個量子比特的量子隨機線路進行採樣」。

## （四）「祖沖之號」2.0：56 個量子比特的隨機線路採樣

2019年10月，在持續重金投入10餘年後，谷歌成功開發了一個包含53個量子比特的可程式設計超導量子處理器，命名為「懸鈴木（Sycamore）」。他們在「懸鈴木」上實施了一輪隨機線路取樣的實驗，並正式宣佈實驗證明了量子優越性。

# 第五章

2021年，中國科學技術大學潘建偉、朱曉波團隊又研製了66比特可程式設計超導量子計算原型機「祖沖之號」2.0。他們透過操控其中的56個量子比特，也開展了一輪隨機線路取樣實驗，並成功地實現了量子計算優越性。

83

進階的量子世界：人人都能看懂的量子科學漫畫

值得一提的是，「祖沖之號」2.0的性能超越 2019 年谷歌「懸鈴木」2～3個數量級。

我贏你太多了！

「祖沖之號」2.0的相關論文發表在了2021年10月25日的《物理評論快報》（Physical Review Letters）上。

「祖沖之號」2.0　　「懸鈴木」

PHYSICAL REVIEW LETTERS

學生代表　　潘建偉　　朱曉波　　學生代表

# 第五章

# 1900萬次

這個實驗的原理很簡單，就是製造出多面骰子，然後扔出去並記錄結果，得到一個關於概率大小的概率分佈。但實驗步驟描述起來有點複雜。關注細節的同學可以看本章最後的補充介紹[1,2]。

那麼，本輪實驗實現量子計算優越性了嗎？答案是肯定的。

本次實驗一共扔了1,900萬次多面量子骰子，耗時1小時12分鐘。

完成相同的任務，當時世界上速度最快的「Summit」超級電腦需要花費7年半的時間！

喲，還在算哪？我家娃都能「買醬油」了！

「祖沖之號」2.0　　祖陁

我的老腰快斷了！

「Summit」超級電腦

85

進階的量子世界：人人都能看懂的量子科學漫畫

你可能會問，超級電腦的計算過程真的那麼慢嗎？答案是：真的那麼慢。看一看其中的資料量，你就明白了。

我們平時說的 1GB 記憶體，大約能容納 $2^{30}$ 個經典比特的數據。要想容納 $2^{56}$ 個經典比特的資料，我們就需要六千多萬 GB 的記憶體。如果要容納 56 個量子比特（需要 $2^{56}$ 個複參數來描述）的資料，需要的記憶體容量就會更大，更不用說還要對它們進行複雜的運算了。

物理學家指出，用經典電腦計算多面量子骰子的概率分佈，其計算複雜度屬於 **#P-hard難度**。

因此，「祖沖之號」2.0 是真真正正地展現了量子計算的優越性 [3]。

值得一提的是，早在2020年12月，潘建偉、陸朝陽等人組成的研究團隊，就在另一個不同的量子計算問題（高斯玻色取樣）上，透過構建 76 個光子的量子計算原型機「九章」，展現了量子計算的優越性。

就在祖沖之號團隊研發「祖沖之號」2.0 的同時，九章團隊也沒有閒著。他們對原先的「九章」進行升級，成功研發出了探測光子數為 113 個、探測模式數為 144 個的量子計算原型機「九章」2.0，將量子計算在高斯玻色取樣問題上的優越性，從經典電腦（太湖之光）的 $10^{14}$ 倍大幅提高到 $10^{24}$ 倍，輸出態空間的維數則達到了 $10^{43}$ 量級，這使得問題的複雜度大大提升，更加難以被經典演算法所類比。

# 第五章

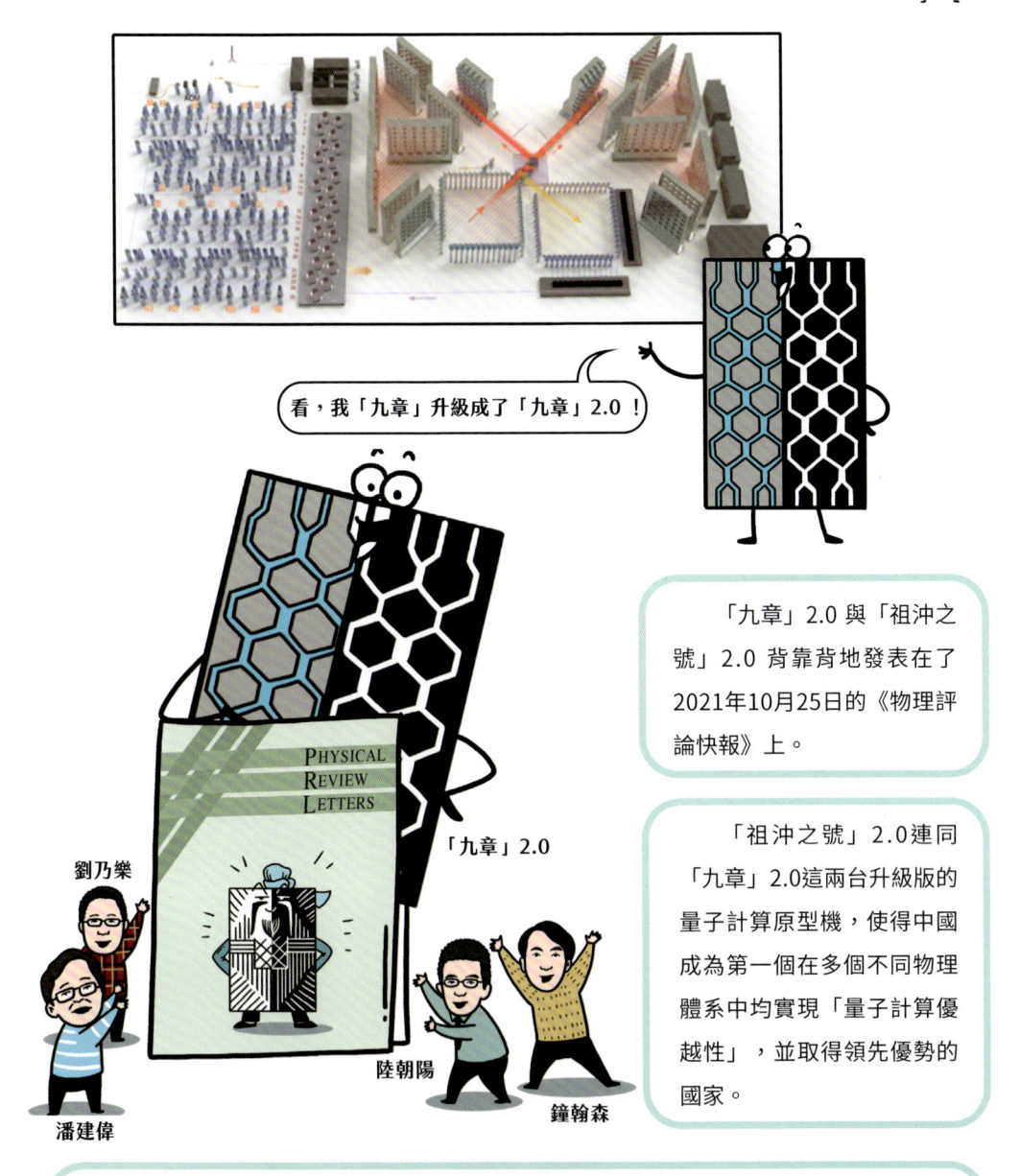

看，我「九章」升級成了「九章」2.0！

「九章」2.0

劉乃樂

潘建偉

陸朝陽

鐘翰森

「九章」2.0 與「祖沖之號」2.0 背靠背地發表在了 2021年10月25日的《物理評論快報》上。

「祖沖之號」2.0 連同「九章」2.0這兩台升級版的量子計算原型機，使得中國成為第一個在多個不同物理體系中均實現「量子計算優越性」，並取得領先優勢的國家。

2023年，研究團隊又成功構建了255個光子的「九章三號」，它處理高斯玻色取樣的速度比上一代的「九章二號」提高了100萬倍，再度刷新了量子計算優越性的世界紀錄。

87

## （五）尋求量子糾錯和更複雜的量子演算法

說到這兒你可能會問？這就結束啦？研究組辛辛苦苦搭建了一個平臺，僅僅是為了扔骰子嗎？

並非如此。

這就好比一支軍隊在跟敵人作戰之前，要進行射擊、投彈、刺殺、爆破、土工等作戰技能訓練。雖然在訓練中，士兵們並沒有消滅真正的敵人，但這些訓練有利於提高他們的作戰技能，為將來在戰場上消滅真正的敵人打下基礎。

士兵作訓場

# 第五章

因此,你不要小看研究組讓「祖沖之號」2.0、「九章」2.0擲「量子骰子」的工作。這項工作對物理學家來說,也是一種作戰技能訓練。

**量子計算訓練場**

「祖沖之號」2.0

以「祖沖之號」2.0的工作為例,當量子比特的數量和線路的層數增多時,量子計算的誤差不但會隨之增大,而且會變得越來越不可控。

具體來說,假如量子比特經過一層線路的運算後,理論準確率(即保真度)是99.6%;那麼經過20層線路,理論準確率就應該等於(99.6%)$^{20}$=92.3%。

但是,一般來講,量子計算裝置實際的準確率往往會遠小於92.3%。為什麼呢?這是因為量子比特和量子線路多了以後,就像個和尚沒水吃,相互之間會發生關聯錯誤。這種關聯錯誤不是某一個具體的量子比特或量子線路造成的,而是它們之間大規模協同作業時產生的。

進階的量子世界：人人都能看懂的量子科學漫畫

量子比特和量子線路變多以後，
計算準確率就會不可控。

你去搞定準確率！

你去搞定，我不去！

他們倆肯定會搞定。

準確率

幸運的是，在扔1,900萬次骰子的工作中，「祖沖之號」2.0沒有額外的關聯錯誤出現。它的準確率基本上等於量子線路準確率的乘積。做到這一點相當不容易。

大家好好做！
別出差錯！

「祖沖之號」2.0

# 第五章

收集效率：92%

「九章 2.0」

收集效率：63%

「九章」

相位調控！

「九章 2.0」

哎呀，這招我不會！

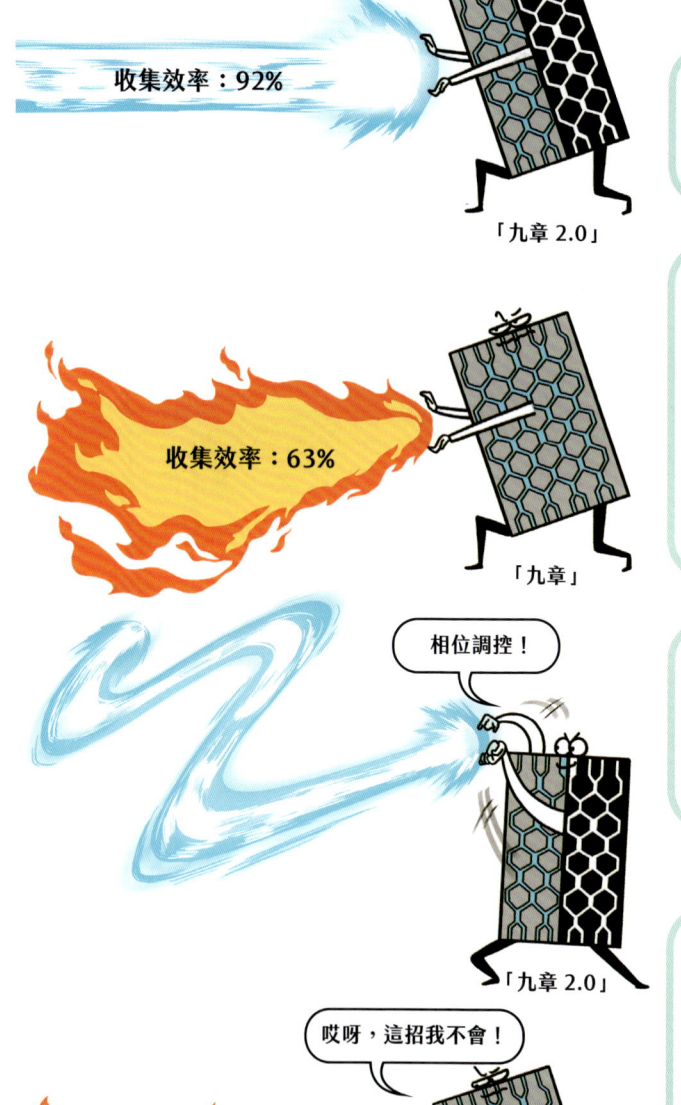

「九章」

「九章2.0」的計算規模、複雜度比「九章」提高了很多，其中有兩處值得關注的升級。

一是「九章2.0」開發了一款受激壓縮光源，使得其關鍵指標從之前光源的63%，提高到了92%。用物理學行話來說，它向高壓縮量、高純度和高收集效率的接近理想的壓縮光源邁進了一大步。

二是「九章2.0」相比「九章」，增加了一定的可程式設計性。用物理學行話來說，它實現了對光源相位的調控和鎖定。

物理學家希望，他們可以透過一次又一次實驗，逐漸掌握各種量子處理器的設計和使用技巧，為將來實現真正的量子糾錯和更複雜的量子演算法，以及各項技術在其他量子科技領域的應用打下堅實的基礎。

注：

1.「祖沖之號2.0」隨機線路採樣實驗的大致步驟如下。

第一步，研究組讓「祖沖之號2.0」進入一種初始的量子狀態。假如把這時的「祖沖之號2.0」看作一個具有 $2^{56}$ 個面的量子骰子，它的這種量子狀態就相當於多面量子骰子的某一個面是朝上的。

第二步，研究組在「祖沖之號2.0」中隨機地搭建20層量子門電路。這些量子門電路的作用是，改變「祖沖之號2.0」的量子狀態，使它進入某種確定的量子疊加狀態。這就相當於我們把第一步的量子骰子隨機地製備到256個面同時朝上的一個量子疊加狀態。

第三步，研究組通過測量「祖沖之號2.0」中的 56 個量子比特，得到一個確定的輸出，比如，輸出結果是 01011…01（共 56 位元數字）。這就相當於把剛才製造的多面量子骰子扔了出去，得到了第 57307…5 號面朝上。

注意，完成這一步後，研究組就算完成了一次取樣。完成取樣以後，剛才製造的多面量子骰子就已經消失了。為了再進行一次取樣，研究組必須再製造出一個多面量子骰子，把它扔出去，記錄結果，同時它會再次消失。

## 第五章

所以，第四步，研究組對第一步、第二步和第三步重複1,900萬次，共完成1,900萬次採樣，得到1,900萬個由0和1組成的56位元字串。

第五步，研究組將所有得到的字串按照出現次數從少到多的順序排列起來，得到一組關於概率大小的概率分佈，然後與理論預言進行比較。

如果概率分佈與理論預言相差較大，說明實驗誤差太大，實驗失敗。

如果概率分佈與理論預言相差無幾，說明實驗誤差在可控範圍內，實驗成功。實驗結果證明，本輪實驗圓滿成功。

2. 我們在理論上想要實現的採樣步驟和實際上在「祖沖之號2.0」中實現的採樣步驟略有不同。

理論上看，我們得隨機製造 N 個完全不同的多面骰子，對每個多面骰子扔 1 次，才能得到我們想要的泊松-湯瑪斯分佈。

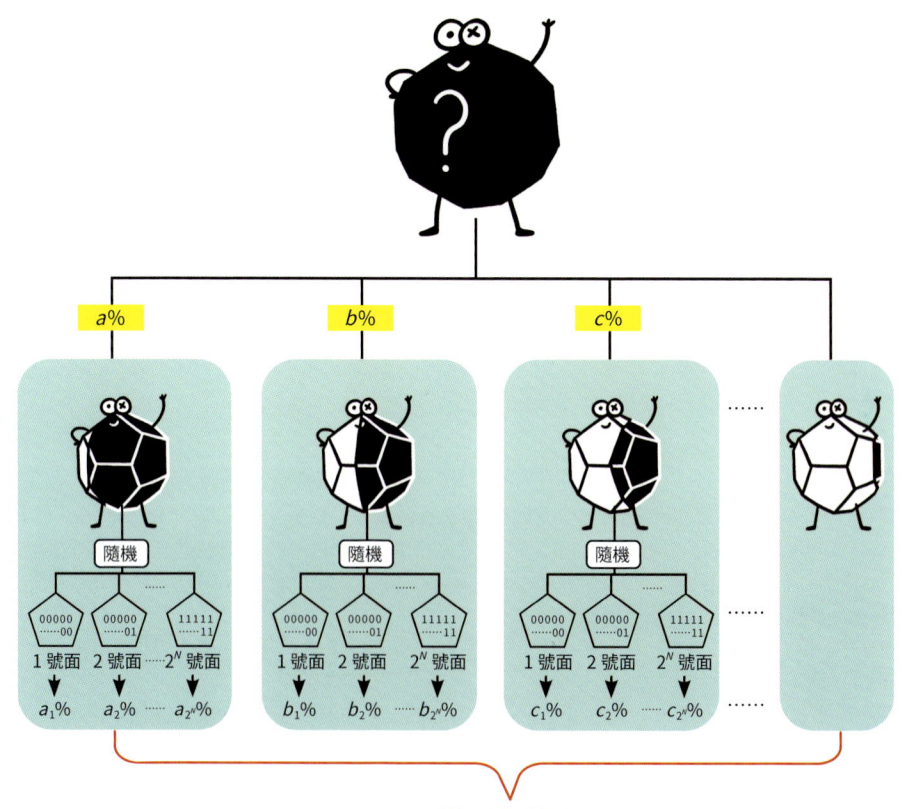

泊松 - 湯瑪斯分布

實際上，我們不必把實驗步驟設計得這麼複雜，也能得到泊松-湯瑪斯分布。透過數學計算，我們可以證明，只要「祖沖之號2.0」的隨機線路設計得足夠好，我們只需要透過運行它，得到N 個完全相同的多面骰子，對每個多面骰子扔 1 次，就能得到我們想要的泊松-湯瑪斯分布。

93

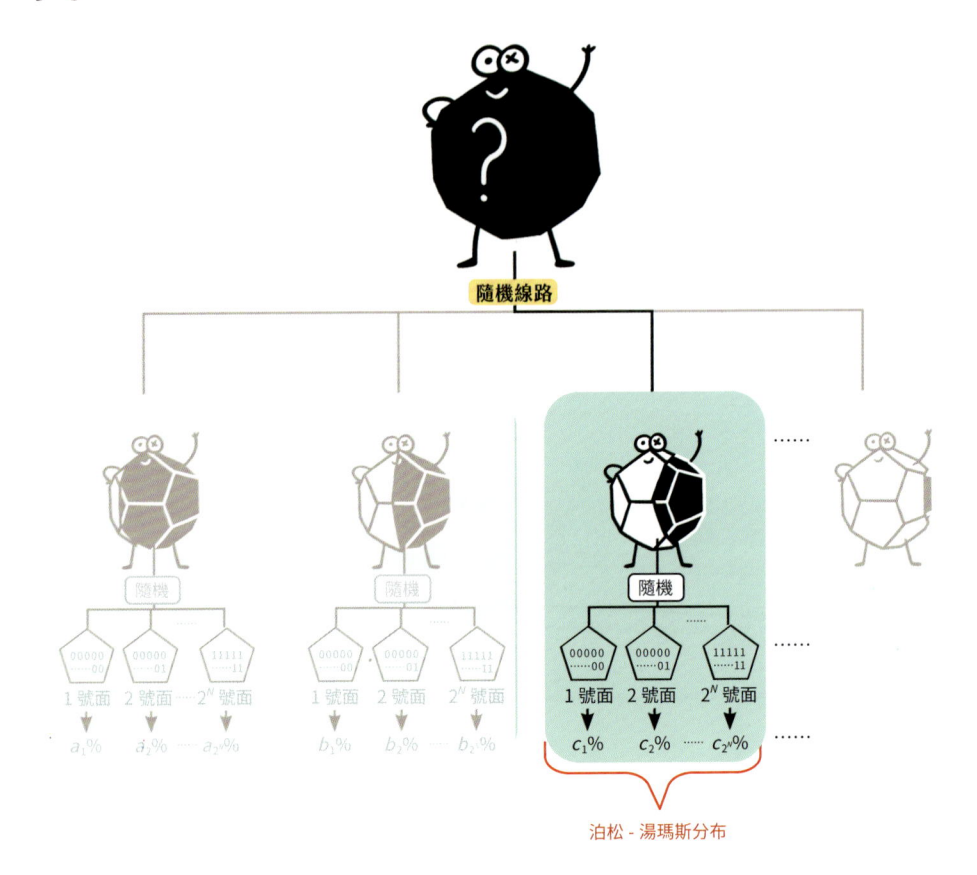

進階的量子世界：人人都能看懂的量子科學漫畫

這裡說的「隨機線路設計得足夠好」，就是指量子比特數要足夠多，量子比特門電路的保真度要足夠高，隨機線路的層數要達到一定標準等。這就是我們在本章最後一節提到的，實驗物理學家所應對的挑戰。

3. 相比之下，由於谷歌「懸鈴木」的量子比特少一些，取樣次數也有所不同，因此，使用「Summit」超級計算機完成經典模擬，只需要 2 天的時間。

參考文獻：

1. Wu Y L, Bao W S, Cao S R, et al. Strong quantum computational advantage using a superconducting quantum processor[J]. Physical Review Letters, 2021, 127(180501): 18-29.
2. Zhong H S, Deng Y H, Qin J, et al. Phase-Programmable gaussian boson sampling using stimulated squeezed light[J]. Physical Review Letters, 2021, 127(180502): 18-29.
3. 覃儉. 實驗光學量子資訊處理 [D]. 合肥：中國科學技術大學，2021.

# 第六章
# 現階段如何一眼看清量子計算？認準糾纏態！

進階的量子世界：人人都能看懂的量子科學漫畫

　　量子計算和量子電腦，是科學界和企業界的熱門話題。圍繞這兩個話題的五花八門的新聞報導和成果展示，讓人眼花繚亂。

買我，我將於 2025 年實現 1,386 個量子比特！

拓撲量子電腦

買我，多家科學研究機構已經使用我的雲平臺進行科學計算了。還有「糾錯能力強」的離子阱量子計算和顯示「緩衝進度 99.9%」的拓撲量子計算。

離子阱量子電腦

做商業業績壓力太大了，我們先安心做科學研究。

IBM 的量子電腦

「懸鈴木」

「九章 2.0」　「祖沖之號 2.0」

　　挖掘機……哦不……量子電腦技術到底哪家強？
　　我們以超導量子計算為例，教大家「五分鐘看清量子計算含金量」。

五分鐘看清量子計算含金量

挖掘機……哦不……量子電腦技術到底哪家強？

超導量子電腦

# 第六章

為什麼以超導量子電腦為例？或者說，為什麼谷歌「懸鈴木」、「祖沖之號2.0」還有IBM的量子電腦都是超導體記算機？

「懸鈴木」　　「祖沖之號」2.0　　IBM的量子電腦

那是因為超導量子電腦具有可擴展性、穩定性等優點，被認為是目前實現大規模量子計算最有希望的技術路徑之一。也就是說，因為有比較穩定的工程技術支援，科學家可以更快地在這個領域發展技術，再進一步推動工程的發展。（由於超導電路可以在極低溫下工作，因此可以獲得更高的計算速度和極低的能量消耗，所以超導超級電腦這些年的發展也是如火如荼。）

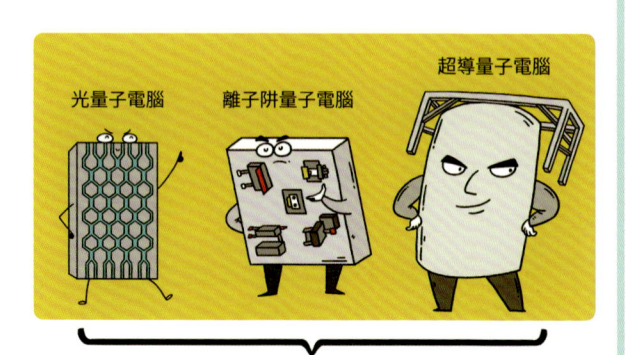

不過這並不代表光量子計算、離子阱量子計算就沒有研究前景，作為量子計算的不同賽道，它們都將展現不同的實力。

第一台電腦誕生雖然只有不到百年，但它憑藉強大的計算能力成為推動人類文明飛速發展的重要工具。以前的理論物理學家可以在火車上推算完一個重要理論，現在他們離開電腦就很難做到了。我們的日常生活也早已離不開電腦。

光量子電腦　　離子阱量子電腦　　超導量子電腦

計算三兄弟

97

進階的量子世界：人人都能看懂的量子科學漫畫

老實說，計算的本質是資訊的改變和處理。我們輸入一些東西，最後電腦輸出給我們一些東西。資訊發生了改變，計算就發生了。

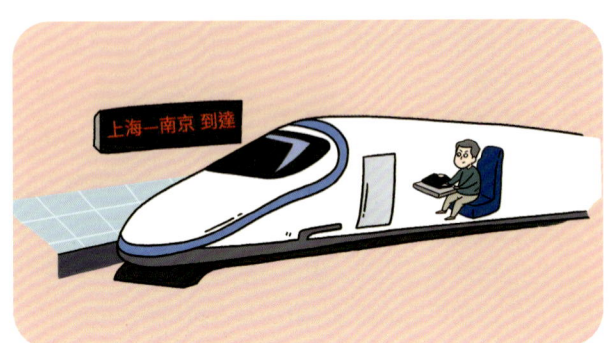

你可以考慮扮演以下幾個角色……

如何拯救世界？

　　強大的計算功能離不開演算法和算力。

　　演算法是對解題方案的準確而完整的描述，是一系列解決問題的清晰指令。演算法代表著用系統的方法描述解決問題的策略機制。

　　算力是電腦設備或計算/資料中心處理資訊的能力，是電腦硬體和軟體配合共同執行某種計算需求的能力。

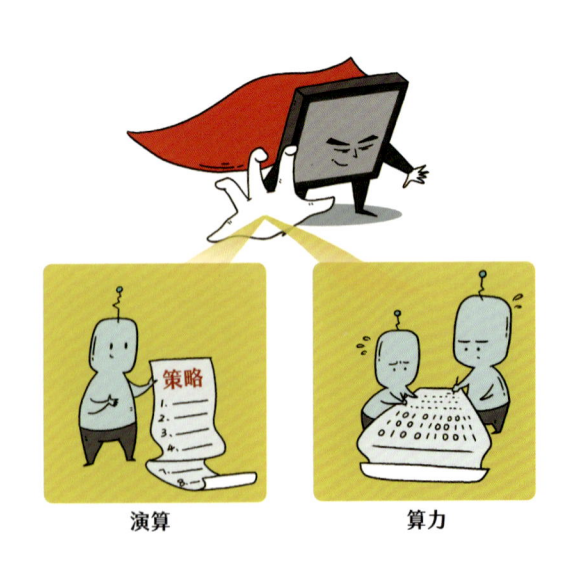

演算　　　　　　算力

98

## 第六章

也就是說,電腦要知道怎麼算某個問題,並能很快算出來,這個電腦對我們而言才是有意義的。

經典計算和量子計算系出同源,都是遵循圖靈機原則的電腦。經典電腦的CPU由電晶體組成,用電流錶達0和1;超導量子電腦用的則是超導材料中的電子形成的超導態。

有辦法了!

上!

### 系出同源

經典計算　　　量子計算

在演算法中,「門」是一個非常重要的概念,無論是經典計算還是超導量子計算都有「門」。最簡單的門是「反閘」:我們輸入一個「0」,輸出一個「1」。還有「反及閘」和其他的各種門。在超導量子電腦中,「門」是以量子比特為基礎構成的,有單量子比特門和雙量子比特門等。

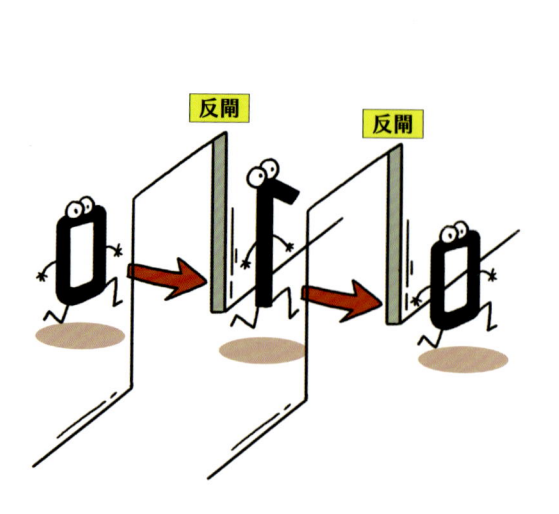

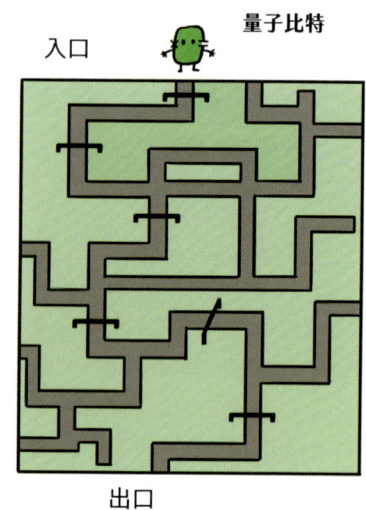

進階的量子世界：人人都能看懂的量子科學漫畫

超導量子電腦的算力靠的就是量子比特之間的糾纏。相互糾纏的量子數越多，量子晶片（QPU）的計算能力就越強。

如果說量子晶片是一塊土地，量子比特就是土地上的一座座建築物（職能部門）。量子糾纏就是連接量子比特之間的道路。道路連通越多，職能部門之間的互動就越緊密，「城市」活力就越強，「文明」也就出現了！

你不要想 CPU 我，因為我用的是 QPU！

100

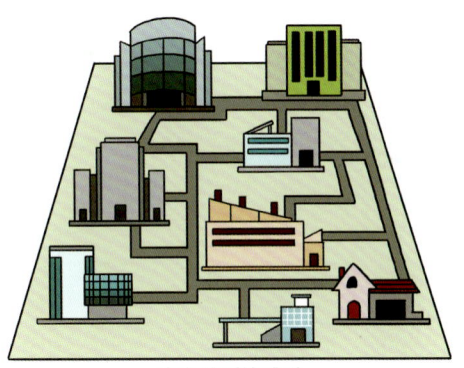

# 第六章

真多體糾纏體系

糾纏體系

在物理學中,我們把糾纏程度最高的稱為真多體糾纏體系——我們把一個多體系統任意劃分為兩部分,不論如何劃分,劃分後的兩部分之間都存在糾纏。

當然,如果在一個量子計算系統中,有兩個量子比特發生了糾纏,而其他沒有發生糾纏,你仍然可以宣稱這是一個「糾纏體系」,但是計算能力肯定就大打折扣了。

聰明的讀者們,你們現在肯定知道如何分辨量子電腦的「含金量」了吧,請認準真‧糾纏!

當然,在真多體糾纏體系中,還有不同的糾纏方式。比如一維陣列,就像貪吃蛇一樣,從第一座「建築」一直連接到最後一座「建築」。這種糾纏方式相對簡單,特點是糾纏的粒子數越多,對保真度的要求就越高。

101

還有一種二維陣列，量子比特之間兩兩糾纏，形成了像網一樣的連接方式。優點是有更多的演算法選擇，但是對「搭建」的要求比較高。

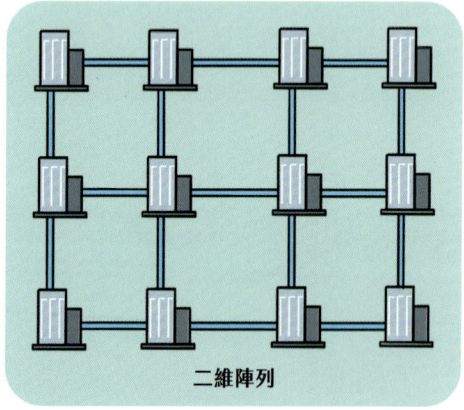

一維陣列

二維陣列

**真多體糾纏**

理論上
我是地表最強

實際上
我難以實現

真多體糾纏是最強形式的量子糾纏，同時，也很難實現。不僅製備難度高──需要對大規模的量子體系具有極高的操控水準，還要保證對糾纏態的驗證──對於如此複雜而精微的糾纏結構，如何才能知道我們真的實現了真糾纏呢。所以，實現的難度很大。

第六章

極高的操控水準

對糾纏態的驗證

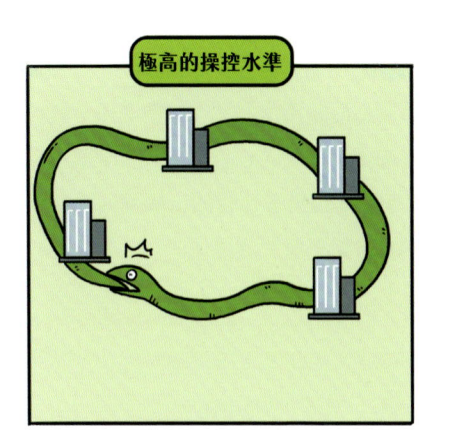

　　不過，要是因為困難就放棄，科學研究工作者們的頭髮不就白掉了嗎？中國科學技術大學潘建偉、朱曉波、彭承志等組成的研究團隊與北京大學袁驍合作，研發出了真糾纏製備和探測手段，演示了基於測量的量子計算，把上面幾個難關一舉攻克！

# 多項超導量子電腦的世界紀錄同時被打破！

nature
SUPERCONDUCTING QUBITS ENTANGLER

曹思睿　龔明　袁驍　　　潘建偉　朱曉波

103

進階的量子世界：人人都能看懂的量子科學漫畫

上文提到，大部分量子計算的演算法是基於「門」實現的，量子比特們透過不同的「門」，一步步完成科學家設定的演算法，得到最終結果。基於測量的量子計算很標新立異，「門」被撤掉，量子比特們隨機坍縮，走向不同的「人生」關卡，科學家透過巧妙的設置，最終製備和驗證了**51量子比特的一維陣列和30量子比特的二維陣列**，並且基於所製備的簇態，**成功地原理性演示了基於測量的變分量子計算演算法。**

多項超導量子電腦的世界紀錄同時被打破！

最後，插播一個關於演算法的小知識，世界上第一個程式工程師是一位女性艾達・洛夫萊斯，雖然她的父親拜倫十分有名，不過她其實是由母親一位顯赫的貴族夫人撫養長大的。她是第一位主張電腦不只可以算數，還可以解決問題的數學家。她在筆記中詳細說明了使用巴貝奇的機械分析機計算伯努利數計算方法，這一演算法被認為是世界上第一個電腦程式。

可惜的是，這位程式工程師最終因病英年早逝。但是她對電腦的發展做出的貢獻，值得我們銘記！

# 第七章
## 你認識這兩個「子」嗎?

進階的量子世界：人人都能看懂的量子科學漫畫

注：圖中的正方體和直角三棱柱只是為了更具體化表達玻色子和費米子的性質，並非它們的真實形狀。

# 第七章

進階的量子世界：人人都能看懂的量子科學漫畫

要細說起來，微觀世界的科學規律三天三夜也講不完。打個比方，在經典世界裡，理論上，任何物體都可以看成「小滑塊」，根據牛頓定律的可以確定性來計算它們的運動狀態。但是在微觀世界裡，微觀粒子們是非常有個性的，我們在各個角度都有不同的量子數——比如磁場、軌道、振動等，遵從的是量子力學法則。要想計算我們的運動狀態，這些都要考慮到。

108

第七章

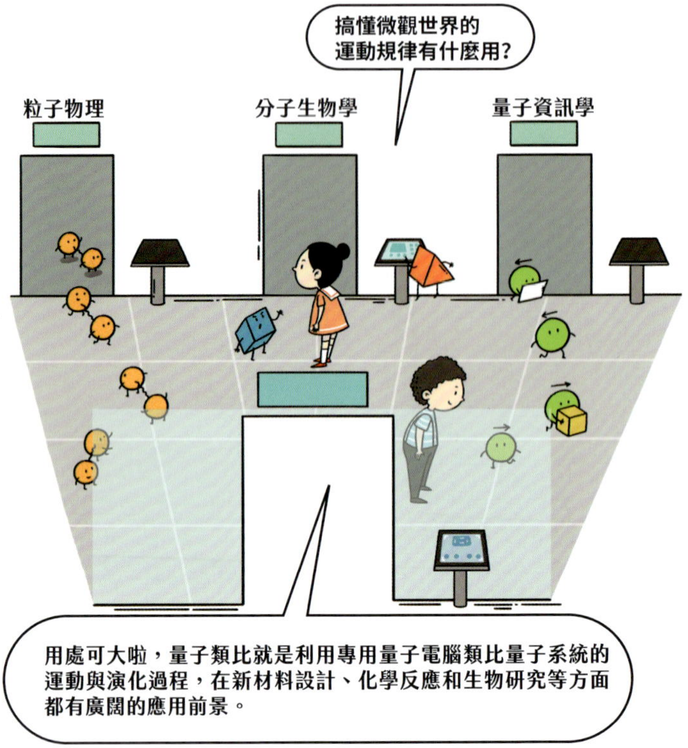
搞懂微觀世界的
運動規律有什麼用？
粒子物理
分子生物學
量子資訊學
用處可大啦，量子類比就是利用專用量子電腦類比量子系統的運動與演化過程，在新材料設計、化學反應和生物研究等方面都有廣闊的應用前景。

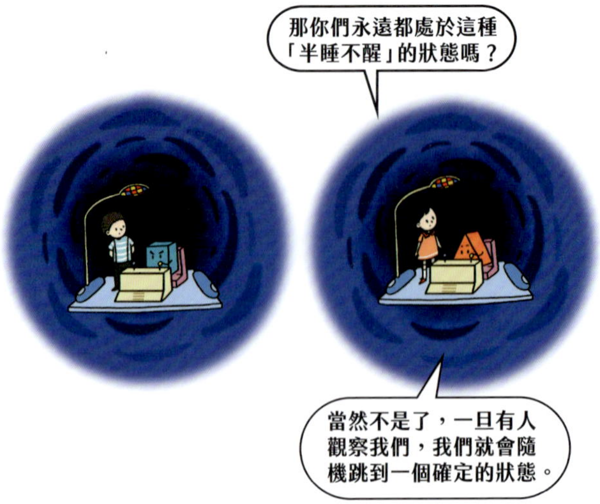
那你們永遠都處於這種
「半睡不醒」的狀態嗎？
當然不是了，一旦有人
觀察我們，我們就會隨
機跳到一個確定的狀態。

# 第七章

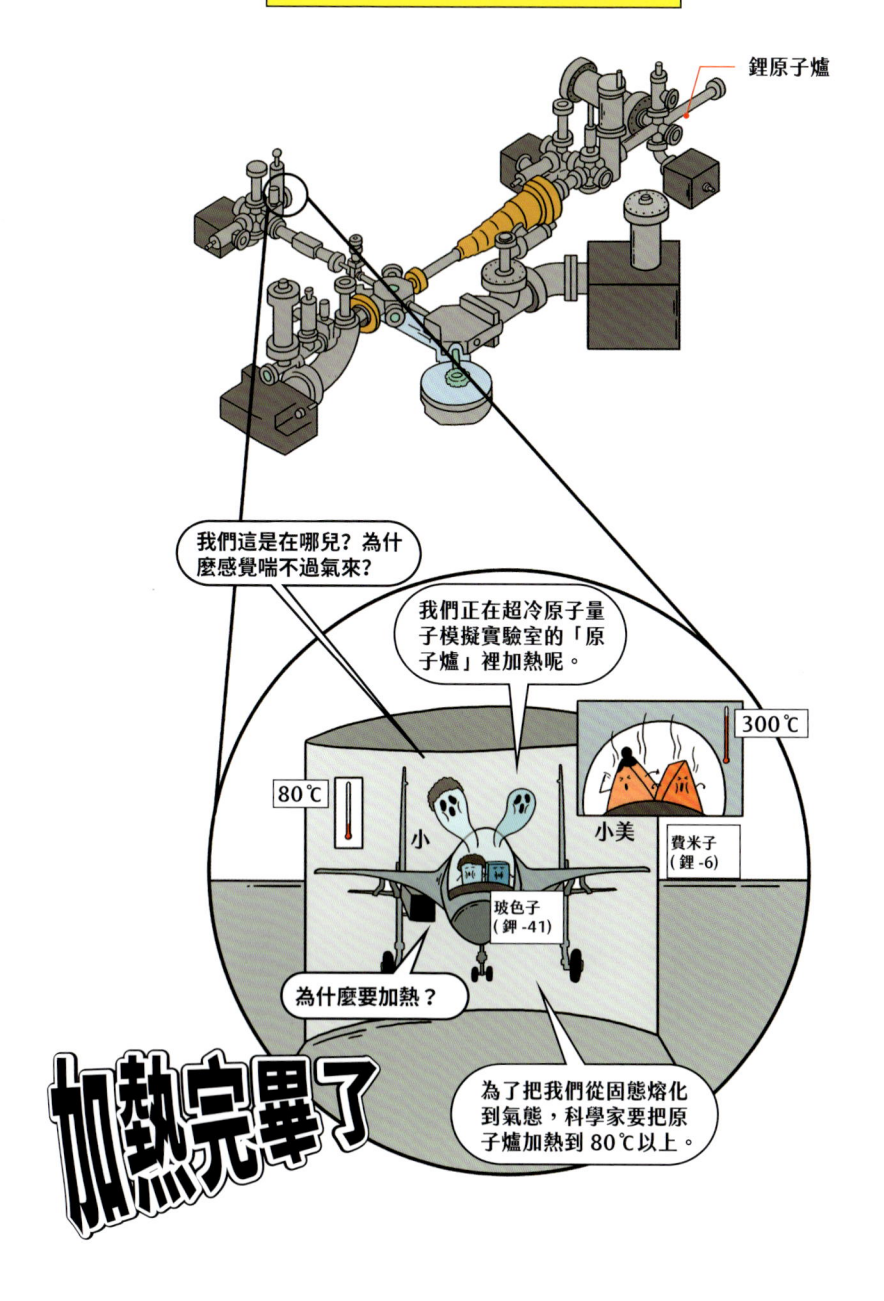

## 超冷原子量子模擬實驗室

鋰原子爐

我們這是在哪兒？為什麼感覺喘不過氣來？

我們正在超冷原子量子模擬實驗室的「原子爐」裡加熱呢。

80℃

300℃

小

小美

費米子（鋰-6）

玻色子（鉀-41）

為什麼要加熱？

為了把我們從固態熔化到氣態，科學家要把原子爐加熱到 80℃ 以上。

**加熱完畢了**

出發啦！
我們要去磁光陷阱和費米子匯合！現在我們的速度高達每秒幾百公尺
啊……我們要去哪兒？

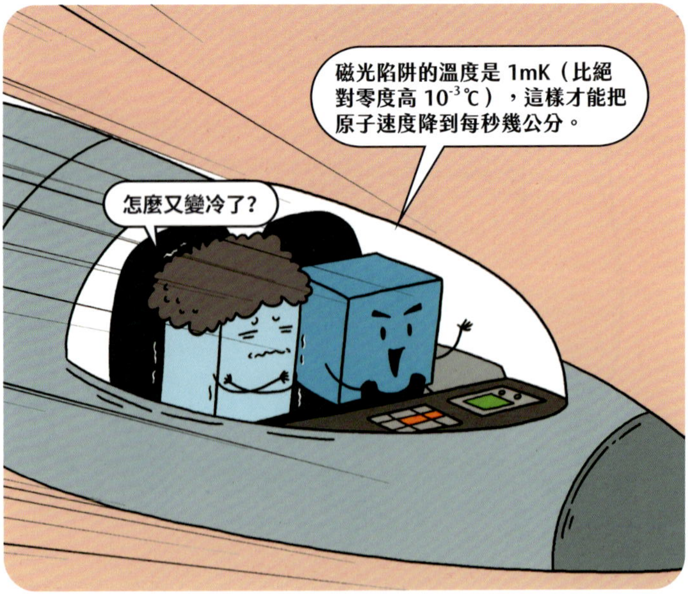
磁光陷阱的溫度是 1mK（比絕對零度高 $10^{-3}$℃），這樣才能把原子速度降到每秒幾公分。
怎麼又變冷了？

# 第七章

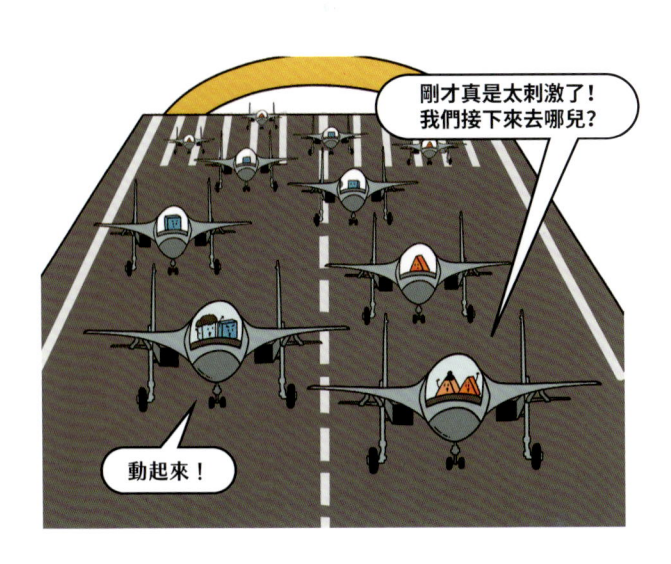

剛才真是太刺激了！我們接下來去哪兒？

動起來！

多麼優美的「BEC（Bose-Einstein Condensation，玻色-愛因斯坦凝聚）之舞」啊！這首以偉大的科學家玻色和愛因斯坦命名的「凝聚之舞」，一開始被認為是我們玻色子的專屬。但沒想到費米子也可以跳得如此壯觀。

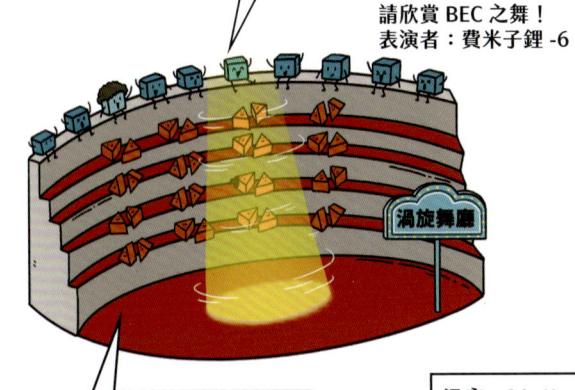

請欣賞 BEC 之舞！
表演者：費米子鋰-6

渦旋舞廳

那束光是幹什麼用的？為什麼我感覺是它「攪動」了費米子們？

溫度：20nK
（比絕對零度高 $2 \times 10^{-8}$℃）

進階的量子世界：人人都能看懂的量子科學漫畫

沒錯，當費米子們兩兩結合，形成了「類玻色子態」後，她們就形成了玻色 - 愛因斯坦凝聚（BEC），只有在宏觀世界極其罕見的超流態，才能被激發出來如此美麗的量子渦旋。

什麼是超流？什麼又是量子渦旋？

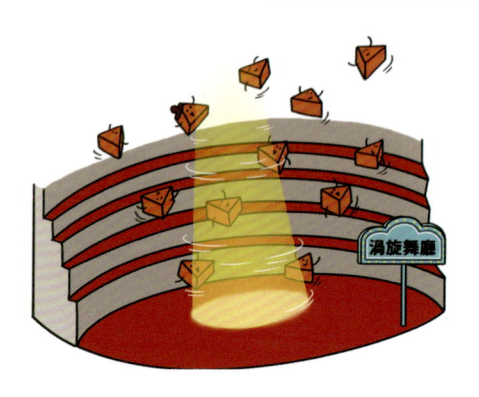

渦旋舞廳

還記得我跟你提到的，自然界所有元素的微觀粒子不是玻色子，就是費米子嗎？比如我鉀 -41，就是玻色子；而鋰 -6，就是費米子。我們都是有相同內稟屬性的全同粒子。我們的區別在於波函數的對稱性與反對稱性。

|  | 全同粒子 | 波粒二象性 | 能量量子化 | …… | 波函數 |
|---|---|---|---|---|---|
|  | 相同 | 相同 | 相同 | …… | 對稱性 |
|  |  |  |  |  | 反對稱性 |

114

第七章

我們玻色子的波函數是對稱的，這意味著在玻色子系統中，任何兩個玻色子交換位置，對系統是沒有影響的。而費米子的波函數是反對稱的，任何兩個費米子交換位置，系統的狀態就發生了改變。不過，外界不一定能觀測出來！

哦，原來如此。

你在美術館裡看到的畫只是個概念圖，並不是我們真正的樣子。我們之所以被稱為玻色子，是為了紀念印度物理學家玻色。他在研究中發現，光子們（玻色子）是不能被分辨出來的，也就是說我們不能把任何兩個相同能量的光子當作兩個能被明確識別的光子。當然，後來科學家發現費米子也是一樣的。

115

> 這照片是你嗎？

印度物理學家玻色

愛因斯坦採用了這個概念，並把它延伸到原子。愛因斯坦認為，在這個現象中，一組玻色子在超低溫狀態中會成為玻色-愛因斯坦凝聚體。這個預測於1924年被提出，而科學家1995年才透過實驗證實了這個現象。

玻色 - 愛因斯坦凝聚體

愛因斯坦

# 第七章

1937年，蘇聯物理學家卡皮查在實驗中發現了超流現象，人們很快發現，玻色子超流發生的原因是玻色-愛因斯坦凝聚，並且攪動超流會形成永不「消失」的渦旋。

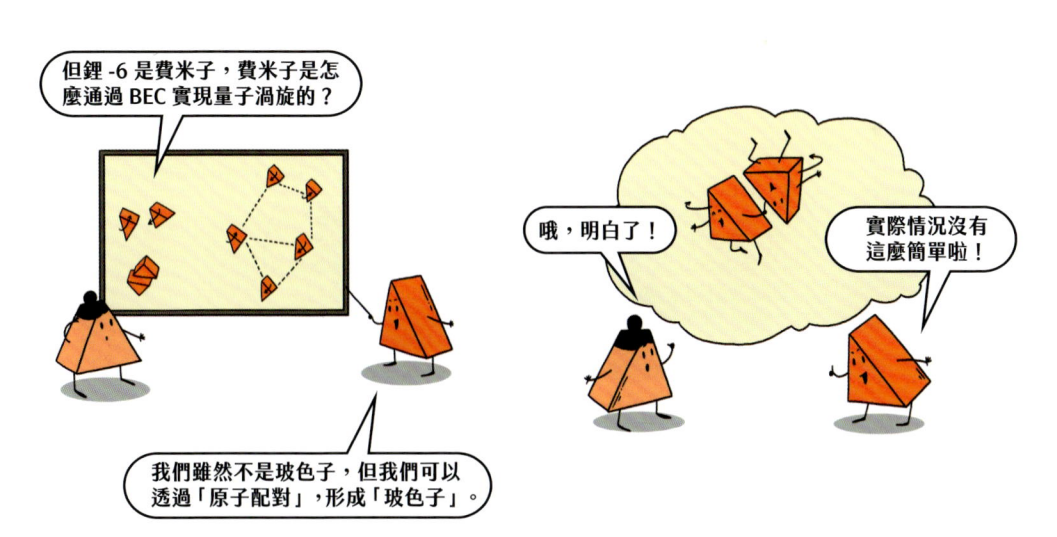

普通的液體　　超流狀態的液體

擁擠　　通暢

慢　　快

蘇聯物理學家
卡皮查

但鋰-6是費米子，費米子是怎麼通過 BEC 實現量子渦旋的？

我們雖然不是玻色子，但我們可以透過「原子配對」，形成「玻色子」。

哦，明白了！

實際情況沒有這麼簡單啦！

117

只有當兩個自旋相反的費米子之間為排斥相互作用時，體系的基態是束縛態，它們靠近時才會形成類似一對一的連接，從而像普通玻色子一樣形成 BEC。

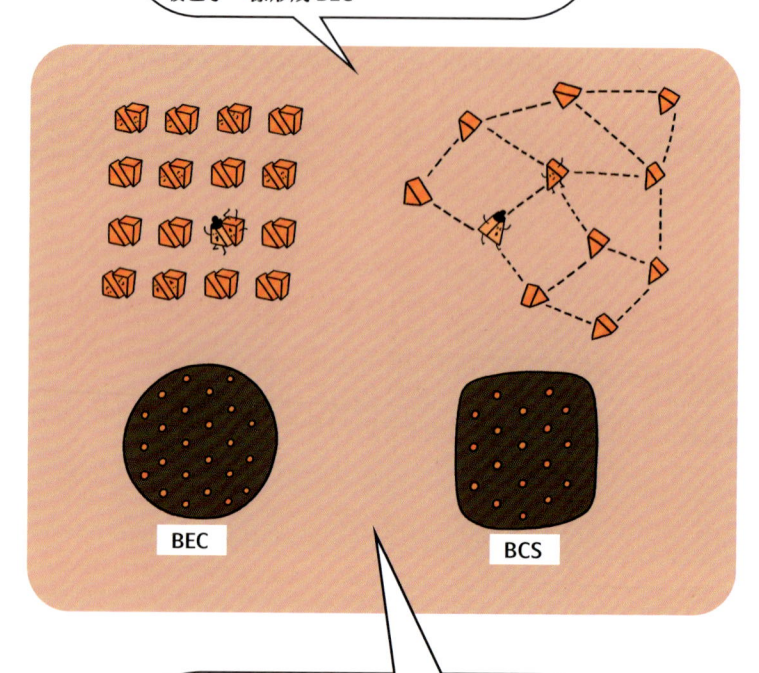

BEC

BCS

在 BCS 超導微觀理論，以其發明者 J‧Bardeen、L‧N‧Cooper、J‧R‧Schrieffer 姓氏首字母命名）區，自旋相反的費米子之間的相互作用是互相吸引的，可以遠遠地互相「觀望」，鬆散地配對，而且是一種多體態，就像我們剛才跳的「BEC 之舞」那種模式。無論是 BEC 還是 BCS 態，都可以形成費米子的超流，從而承載量子渦旋。而且科學家透過調節磁場的方式，可以讓我們在這兩種狀態之間自由切換。

第七章

沒想到微觀世界的規律和宏觀世界如此不同。哎，她們怎麼又停下來了？
科學家製備量子渦旋，是希望透過人工操控我們的行為，對微觀世界的規律進行研究。科學家發現，透過調節溫度，就能操控量子渦旋的衰減。
沒錯，中國科學技術大學的潘建偉、陳宇翱、姚星燦冷原子模擬科研團隊對量子渦旋動力學的研究，經歷了三部曲的發展階段。

第七章

最開始，他們在實驗室中製備出了鋰原子的量子渦旋，該成果發表在 2021年的《物理評論快報》上。在同一年和第二年，他們又分別研究了渦旋衰減的時空普適性以及渦旋壽命的溫度依賴性，成果發表在《物理評論快報》上。這是一項非常基礎的研究，但是對人類瞭解微觀世界的「運動規律」有著重要的意義。

# 量子渦旋動力學

**學生代表**     **潘建偉**     **陳宇翱**     **姚星燦**

121

進階的量子世界：人人都能看懂的量子科學漫畫

# 第七章

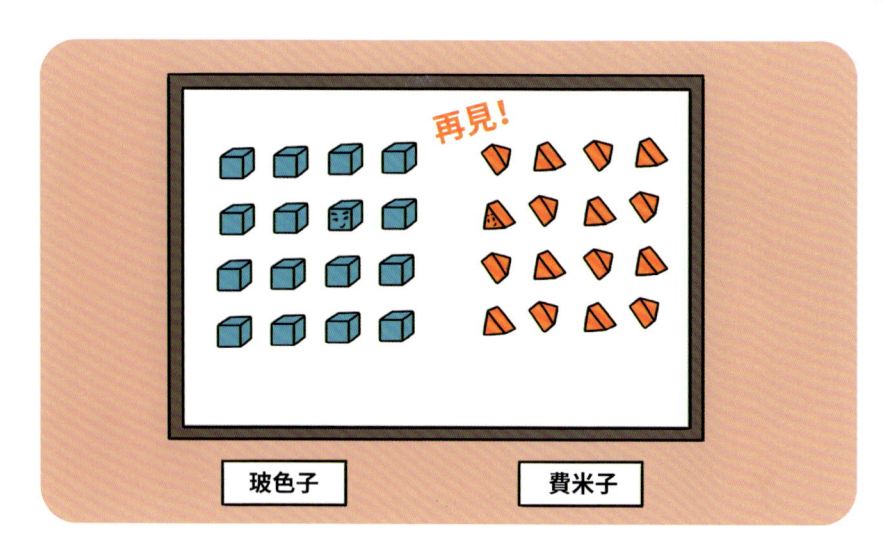

說明：本篇漫畫主要介紹了中國科學技術大學冷原子模擬團隊2016年使用鐳射攪動實現量子渦旋的工作原理。在後續的工作中，為了研究渦旋的湮滅動力學，他們又發展了「淬火」降溫技術。

與宏觀世界的淬火類似，這項量子「淬火」是透過迅速地改變體系的溫度，使其跨越超流相變。普通的量子體系在超流相變時，關聯長度會發散，但是被「淬火」以後，因為迅速降溫，它們的關聯長度被凍結在一個有限值內。我們可以理解為原子之間失去了「聯繫」，所以它們無法跳「集體舞」，而是分別、隨機地產生了量子渦旋。它們的量子渦旋有的是順時針的，有的是逆時針的，但系統的總角動量為0。

宇宙中有許多大的旋轉星團就是大爆炸之後迅速降溫，類似淬火而隨機旋轉形成的。是不是很神奇？這就像「仿生學」，不過科學家們仿的不是生物，而是宇宙星系。

在透過淬火方式產生這些隨機的正、負渦旋後，他們就可以研究這些渦旋是如何湮滅的。讀者們可能會問，既然漫畫裡提到鐳射攪動也可以產生渦旋，為什麼還要使用淬火工藝呢？因為科學家們關注的是旋轉方向相反的正負渦旋的湮滅動力學，而鐳射攪動只能產生朝著同一方向旋轉的渦旋，想要更好地研究渦旋的湮滅動力學，淬火產生的渦旋是更好的選擇。

如果沒有2016年的工作成果，就沒有後續工作的展開。我們期待有更多新論文的發表，讓我們能有機會科普更多關於渦旋湮滅動力學的研究。

# 第八章
# 科學家首次觀測到超低溫下鉀-41原子的「擦肩而過」

# 第八章

世界上絕大多數現象，原則上都可以用量子力學的法則來描述。比如，不論是宇宙大爆炸時的粒子反應，還是生活中的化學反應，都可以用量子力學描述成不同粒子間的碰撞和散射。

雖然說起來很簡單，但是實際操作起來卻寸步難行。因為大部分反應都涉及很多不同種類的原子，有的原子還會結合成分子，它們之間的作用力相互疊加以後，會變得非常複雜，物理學家很難搞清楚其中的細節。

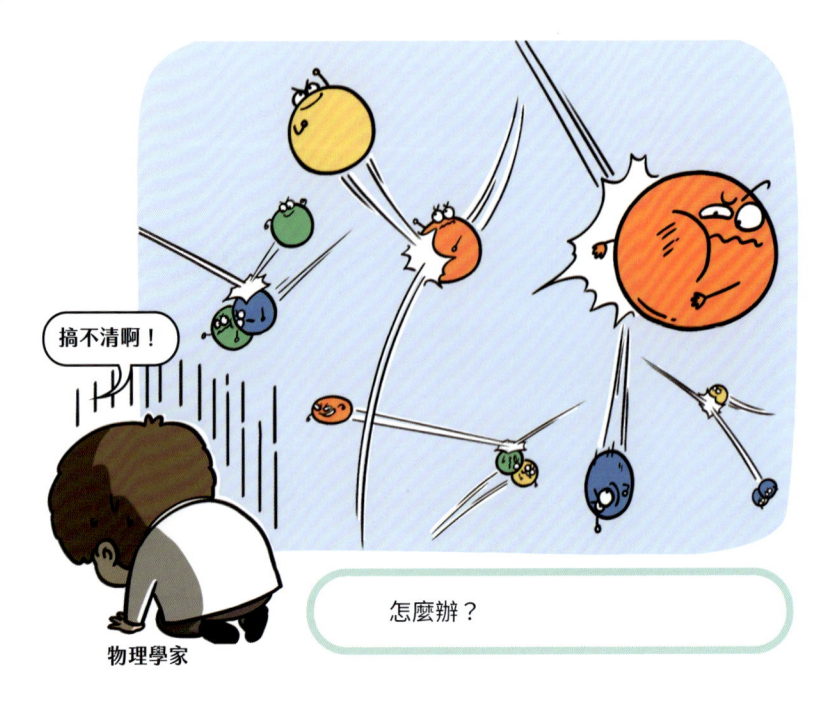

進階的量子世界：人人都能看懂的量子科學漫畫

搞不清啊！

怎麼辦？

物理學家

## （一）搞不定問題，就把問題簡化

當物理學家發現一個問題很難搞定的時候，通常都會對它進行大幅簡化。

比如，有的物理學家會想，我們不要一開始就研究那麼多粒子，不如先研究一小撮最簡單的原子，讓它們來模擬那一群亂七八糟的粒子。

簡化

# 第八章

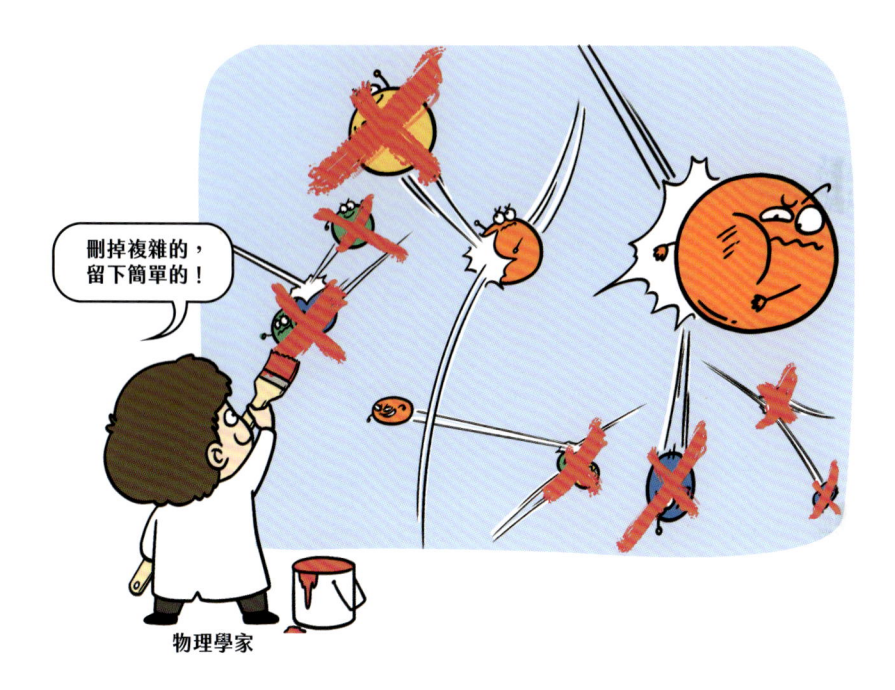

你可能覺得這種簡化有點過頭，不用著急，反正複雜的問題他們也搞不定，無論如何，只能先試著先研究簡單的。物理學家認為，只有先把簡單的問題搞定了，將來才能一步一步往裡添加細節，讓它慢慢還原成最初那個複雜的問題。

其實，這種僅僅把粒子種類變少、數量變少的手段還是不夠簡化，其結果還是會很難計算。因為在一般的溫度下，原子會進行各種混亂的熱運動。這種混亂的熱運動別說計算了，物理學家連每一個原子在哪個地方、運動速度多快都說不清楚。

於是，物理學家只好進一步簡化問題。他們會把那一小撮兒原子冷卻到絕對零度附近，讓它們不要亂跑亂動，儘量老老實實地原地待著。此時，原子就像踢正步的士兵一樣，行動會變得整齊劃一，而且會服從指揮。同時，原子之間的作用力在實驗中會變得清晰可見，在理論中的計算難度也會大幅降低。

怎麼又有么蛾子了？你們是有過動症嗎？

嘿嘿！

科學家

來追我啊！

原子進行熱運動

請了青女過來，看你們還亂不亂跑！

物理學家

冷卻到絕對零度附近

青女

原子

## 超冷原子氣體

我們很稀薄，所以我們是氣體。

這就是物理學家特別喜歡研究的超冷原子氣體。

# 第八章

總結一下,超冷原子氣體是一種簡化的物理模型,就好比生物學實驗中的果蠅和小白鼠。透過研究它,物理學家希望自己能逐漸搞清楚更複雜的量子現象(比如大爆炸時的粒子反應)。

我來當小白鼠啦!

我才是真的小白鼠!

哥,它來搶你飯碗了!

超冷原子氣體　　小白鼠　　果蠅

## (二)簡化過頭也不行

超冷原子氣體確實給物理學家提供了很大幫助,但在大爆炸的問題上,這個模型好像有點兒簡化過頭了。

這是因為,在現實世界的物理現象中,溫度都比較高(相對於絕對零度附近來說),粒子的運動速度都會比較快。當它們碰撞和散射的時候,不一定都是面對面硬槓,大多數時候是「擦肩而過」。

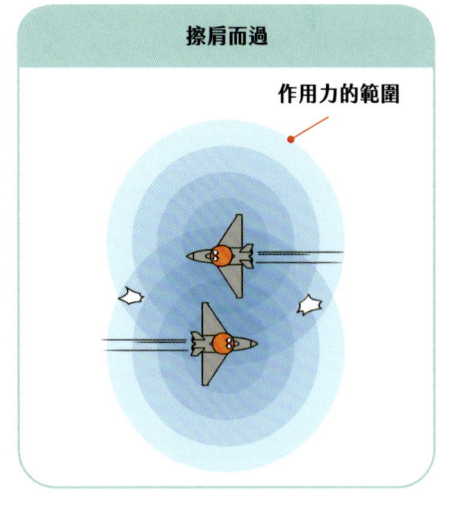

前世 100 次的回眸,換來今生 1 次的擦肩而過!

**擦肩而過**

作用力的範圍

129

這有點像人們趕公車的時候，你不會直接把擋在前面的人撞倒，而是會努力往人縫裡鑽，從他們的側面「擦肩而過」。

那麼，這種「擦肩而過」的過程，能用超冷原子氣體來模擬嗎？能倒是能，但是難度比較大。

這是因為，跟高溫的情況相反，在超冷原子氣體中，原子的運動速度很慢。由於量子力學的效應，超冷原子在發生反應的時候，大部分時候會面對面硬槓。相反，它們擦肩而過的反應概率可以忽略不計。所以，物理學家用超冷原子氣體進行的模擬實驗，很難模擬高溫粒子擦肩而過的情況。

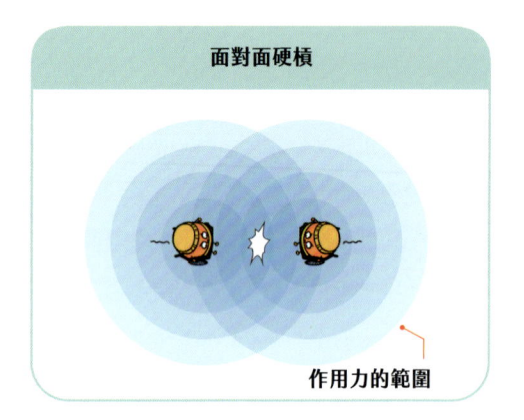

你可能會問，不就是「擦肩而過」和「面對面」這麼一點兒區別，模擬不出來就算了吧，問題很大嗎？對於大爆炸來說，問題確實很大！

# 第八章

因為在大爆炸的粒子反應發生時，粒子的溫度高達數十億攝氏度。在這麼高的溫度下，粒子反應主要不是靠粒子之間面對面硬槓時的作用力，而是靠粒子之間「擦肩而過」時的作用力！

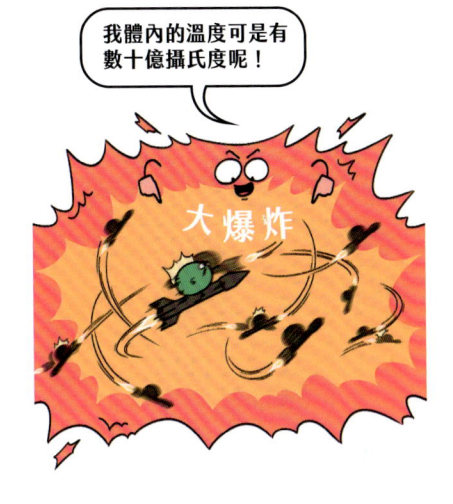

> 我體內的溫度可是有數十億攝氏度呢！

大爆炸

用量子力學的行話來說，這叫作：高階分波相互作用。

## 高階分波相互作用

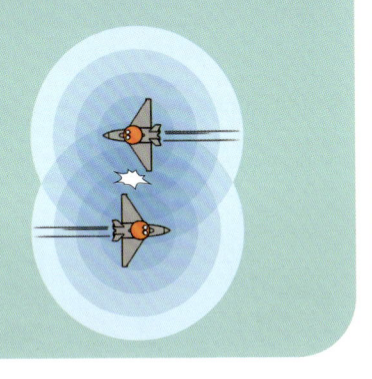

相反，面對面硬槓屬於最低階分波的相互作用。

| 高階分波相互作用 | 最低階分波相互作用 |
|---|---|
| 擦肩而過 | 面對面硬槓 |

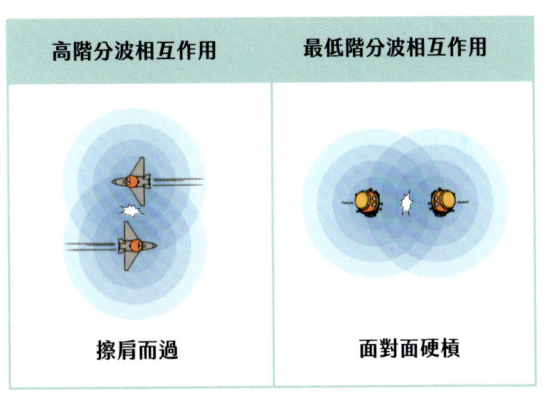

並且，在常溫下，各種化學反應也大都是透過「擦肩而過」的方式進行的。由於我們對「擦肩而過」的方式不夠熟悉，因此，我們對真實世界的化學反應、生物反應的理解長期停滯不前。

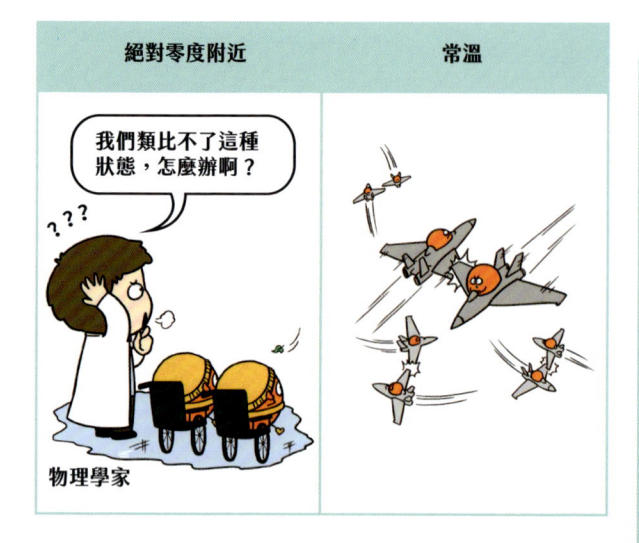

所以，物理學家只用常規方法研究超冷原子氣體還不行，因為這樣沒法模擬粒子在高溫反應中的真實作用方式（也就是高階分波相互作用）。如果物理學家一直類比不出來這種作用方式，就很難在量子力學的意義上弄清楚真實的粒子反應。

要想解決這個問題，物理學家就得設法讓超冷原子氣體中的原子，也有機會「擦肩而過」。這樣一來，它們才有可能在溫度極低的時候，模擬高溫粒子的高階分波相互作用。

## （三）讓「擦肩而過」變得更明顯

2019年3月11日，中國科學技術大學潘建偉及陳宇翱、姚星燦與清華大學翟薈、人民大學齊燃等組成的聯合團隊在《自然‧物理》（nature physics）雜誌上發表了一篇論文。在論文所述的實驗中，他們成功地讓大量鉀-41原子在絕對零度附近，表現出了超冷原子氣體中不太常見的一種高階分波相互作用：d-波相互作用。

第八章

那麼，既然我們說在超低溫下，原子和原子通常都會正面硬槓，很少會「擦肩而過」，潘建偉教授的研究組又是怎麼讓鉀-41原子乖乖地「擦肩而過」的呢？其實，在超低溫下很難觀察到原子之間「擦肩而過」的作用方式，不僅因為這種情況出現的機會較少，還因為原子每次「擦肩而過」之後，什麼也不發生。既然什麼也不發生，物理學家也就什麼也看不到，當然會覺得「擦肩而過」的情況很罕見了。

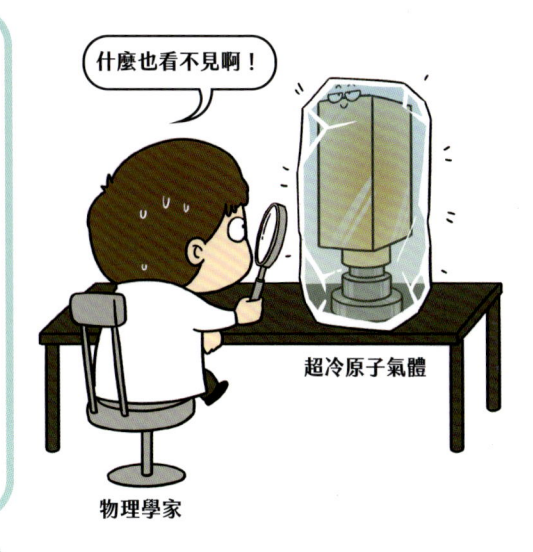

什麼也看不見啊！

超冷原子氣體

物理學家

因此，研究組並不是直接增加了原子「擦肩而過」的機會，而是讓原子「擦肩而過」時發生點什麼，讓這個過程的現象變得更加明顯，在實驗中可以觀察到。

幸好，世界上剛好有一種手段，能夠讓原子「擦肩而過」的現象變得更明顯，這就是研究組想要尋找的 d-波勢形共振。

我覺得它們應該是這樣！

物理學家

## （四）鉀-41超冷原子氣體的 d-波勢形共振

簡單地說，在這次實驗中，研究組在鉀-41 形成的超冷原子氣體中，加入了8～20高斯的磁場。結果，當磁場強度在16～20高斯之間時，超冷原子氣體中鉀-41原子的數量突然大幅減少。

133

進階的量子世界：人人都能看懂的量子科學漫畫

讓我來調一調。

呀！鉀-41原子變少了！

超冷原子氣體

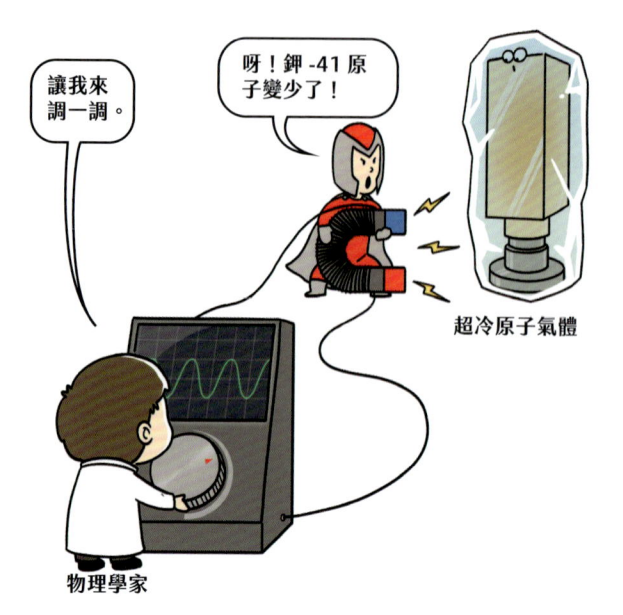

物理學家

而且，隨著溫度降低，鉀-41原子大幅減少的現象，會造成實驗資料圖中出現從一個寬大的凹陷漸漸演化成3個深淺不同的窄凹陷的現象。並且，隨著溫度繼續降低，其中的兩個淺凹陷會突然消失，只剩下一個較深的凹陷。

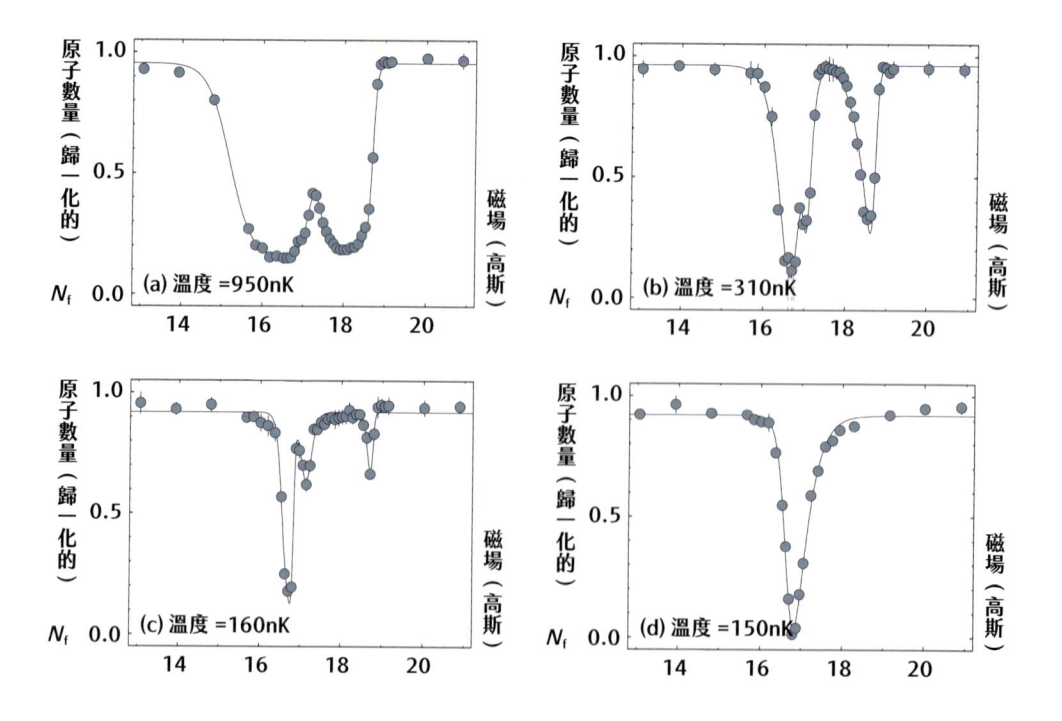

(a) 溫度 =950nK

(b) 溫度 =310nK

(c) 溫度 =160nK

(d) 溫度 =150nK

134

# 第八章

在量子力學中,隨著溫度降低,實驗資料圖中一個凹陷變3個,3個凹陷又變成一個的現象,正是d-波勢形共振存在的標誌。

那麼,鉀-41原子的數量為什麼會突然減少呢?這是因為,d-波勢形共振讓鉀-41原子在「擦肩而過」時,克服了彼此之間的離心力,突然相互結合,形成了一種新的分子。

當然,這個相互結合的過程不是隨便發生的。它需要物理學家透過調節磁場,讓分子的能量剛好等於2個自由鉀-41原子的能量。也就是說,這兩個原子結合成分子的過程,既不吸收能量,也不釋放能量。它是在反應前後能量相等的條件下,產生的一種「共振」現象。

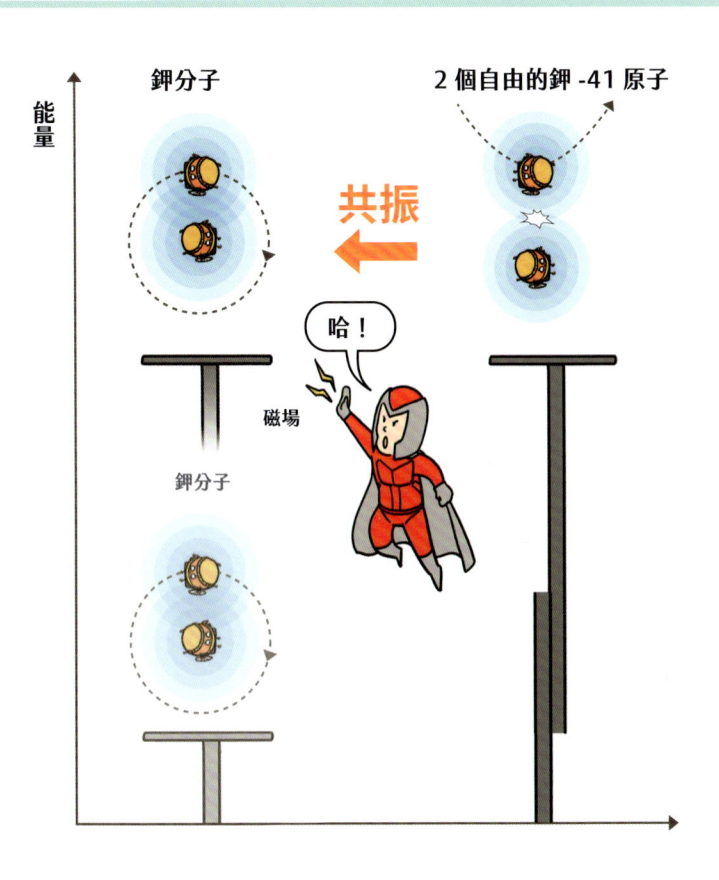

這個過程聽起來很容易,但是實際做實驗的過程就像大海撈針,既需要膽識,也需要運氣。

更有意思的是,在新形成的分子中,鉀-41原子就像一對雙星一樣,會繞著對方不斷轉動,也就是在不斷地「擦肩而過」。並且,它們轉動的「力度」(即角動量),正好對應量子力學部分波展開方法中的波。

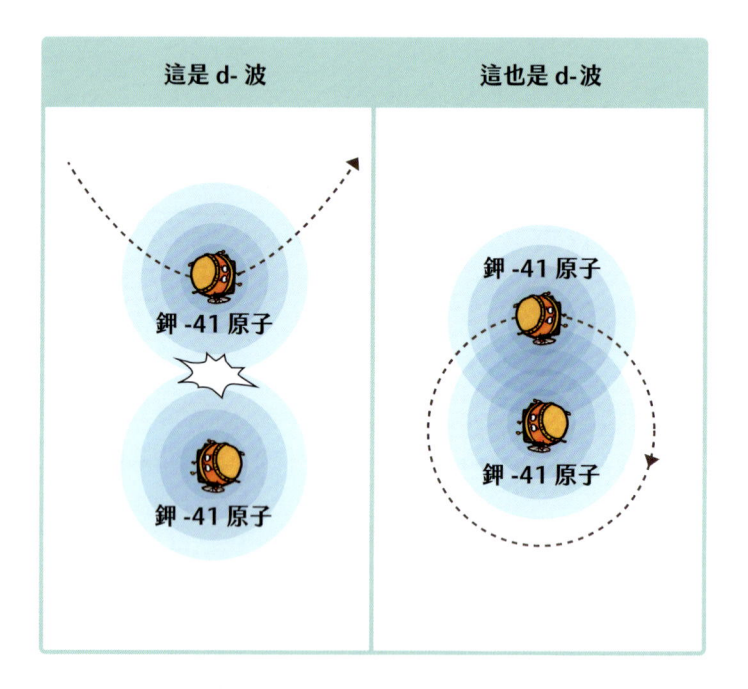

| 這是 d-波 | 這也是 d-波 |
|---|---|
| 鉀-41原子 / 鉀-41原子 | 鉀-41原子 / 鉀-41原子 |

於是,研究組透過調節磁場的大小,成功地在鉀-41形成的超冷原子氣體中觀察到了d-波勢形共振的現象。這就為物理學家在超低溫下研究d-波相互作用有關的量子現象打下了基礎。

# 第八章

高溫下粒子間的碰撞和散射的物理規律

希望天梯早日搭好！

鉀-41原子

當然，這次鉀-41超冷原子氣體的d-勢形共振實驗只是一個開始。物理學家希望，他們將來能夠在超低溫實驗中，發現更多不同類型的原子「擦肩而過」的現象，並逐漸弄清楚其中的物理規律。

在逐步弄清楚了超冷原子氣體中「擦肩而過」的量子現象後，物理學家希望，在將來某個時候，他們能夠從量子力學的角度把真實世界的生物、化學等各種動力學過程徹底拆解清楚。只有這樣，我們才能夠在原子和分子的層面，真正理解身邊的世界。

進階的量子世界：人人都能看懂的量子科學漫畫

注：

　　1. 研究論文還指出，在發生了 d-波勢形共振的鉀-41 超冷原子氣體中，包含了大量的狀態穩定、壽命長達數百毫秒的 d-波分子。這對物理學家來說是一個好消息，因為只有當一種狀態的壽命足夠長時，他們才可能對它開展進一步的研究。此外，由於這些d-波分子的溫度極低，很有可能已處在超流狀態下，因此，這次超冷原子氣體實驗同時也為研究d-波分子超流現象打下了基礎。

　　2. 在量子力學的散射理論中，由於粒子之間的作用力大都是球對稱的，所以，散射振幅通常都會在球對稱的座標下透過分離變數進行計算。這種計算方式會導致兩個結果。

　　第一個結果是，散射振幅通常會以「球諧函數」為基準做展開，由於歷史原因，這些展開結果從最低階開始，分別叫作 s 波，p 波，d 波，f 波⋯⋯

　　第二個結果是，除了最低階的s波之外，高階分波會在分離變數後的徑向（r）方程中，額外增加一項由「離心力」貢獻的勢能。這個勢能項在圖像中表現為一個小凸起的形狀。通常情況下，兩個自由原子必須獲得一定初始動能，使得自己的總能量高於小凸起的能量高度，才有可能進一步相互靠近，形成分子（當然，還必須滿足其他形成分子的條件）。但如果透過調節磁場大小，使得分子的能量剛好等於兩個自由原子靜止時的能量，這兩個自由原子就會通過「量子隧穿」效應，突然穿過小凸起，直接結合成一個分子。這個過程就叫作勢形共振。如果這個勢能項是由 d 波有關的離心力產生的，就叫作d-波勢形共振。

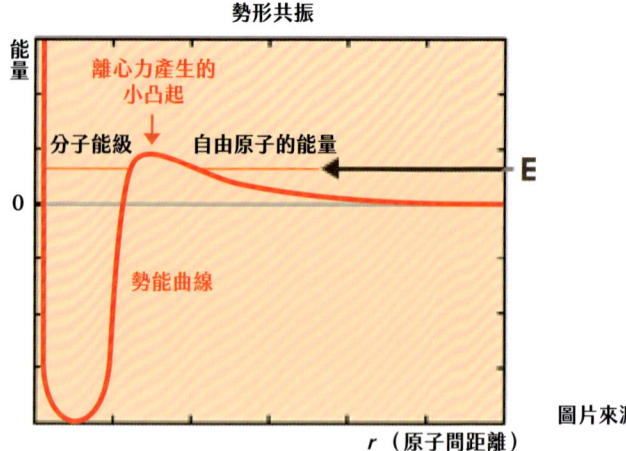

勢形共振

圖片來源：見參考文獻 1

參考文獻：

1. Kjærgaard N. Scattering Atoms Catch the d Wave[J]. Physics, 2017, 11(13): 123.
2. Yao X C, Qi R, Liu X P, et al. Degenerate Bose gases near a d-wave shape resonance[J]. Nature Physics, 2019, 15(3): 570-576.

# 第九章
在絕對零度附近，用鋰原子製造超流體的「超級小白鼠」

在實驗室裡觀察霸王龍走路分幾步？答案是兩步。第一步，你需要買到一隻活雞和一根馬桶疏通氣。

　　第二步，把馬桶吸盤裝在雞屁股上。「當當當當」，你看看誰來了？

　　顯然，在實驗室裡觀察霸王龍走路，並不一定得把真的霸王龍請進實驗室。你完全可以找到一種動物（雞），對它進行改造。只要讓它走路的姿勢跟霸王龍很像就可以了。

雞　　　　＋　　　馬桶吸盤　　　＝　　　霸王龍

　　從這個思路出發，物理學家發現，有些無法近距離觀察的物理現象，比如中子星外殼如何影響中子星的自轉；有些無法長時間觀察的物理現象，比如夸克膠子等離子體（據信這是在宇宙大爆炸後最初20微秒或30微秒存在的物質狀態），在某種程度上都可以在實驗室中仔細地、長時間地研究。

中子星的外殼　　夸克膠子等離子體

無法近距離觀察　　無法長時間觀察
的物理現象　　　的物理現象

沒法好好觀察，怎麼辦才好？

# 第九章

你只要能找到一種材料，創造合適的條件，讓它的物理性質跟中子星的外殼和大爆炸早期的夸克膠子等離子體很像就可以了。

哈哈，這不就行了嗎？
機智如我！

中國科學技術大學潘建偉、姚星燦、陳宇翱等與澳大利亞科學家胡輝合作，在實驗室中成功地製備出一種奇特的物質，使之擁有與中子星的外殼和夸克膠子等離子體相似的物理性質。

天哪！物理性質居然和我們一模一樣！

無法近距離觀察的物理現象

無法長時間觀察的物理現象

胡輝　潘建偉

陳宇翱　姚星燦

141

進階的量子世界：人人都能看懂的量子科學漫畫

這個實驗的內容叫作：

在處於強相互作用（酉正）
極限下的費米超流體中
觀測第二類聲波的衰減特徵。

雖然實驗內容看起來很高大上，但他們所用的實驗材料卻很普通，那就是人們每天都用的手機中用到的一種化學元素：鋰！

走你！
陳宇翱
潘建偉
鋰
回首套！
姚星燦
胡輝

這個令人眼花撩亂的操作到底是怎麼回事呢？

## （一）什麼叫費米超流體

首先我們要知道，不管是中子星的外殼，還是大爆炸早期的夸克膠子等離子體，它們雖然溫度不同、密度不同、物質的組成不同、內部的相互作用也不同，但它們在物理學中屬於同一種物質狀態，即費米超流體。

費米　超流體

# 第九章

什麼叫超流體呢？你可以把超流體理解成一種「無視」摩擦力的流體。

比如，如果把液氦（氦-4）的溫度降低到 2 開爾文附近，它就會突然變成一種奇妙的狀態——超流體狀態。這時，當我們把它放進一根細管子中，一旦它開始流動，就會一刻不停地流動下去，不像我們平時見到的液體那樣，流著流著就會在摩擦力的作用下慢慢停下來。

> 摩擦力？呵呵，不存在的，看我們溜得那叫一個滑順！

氦-4 超流體

物理學家推測，中子星的外殼和宇宙大爆炸早期的夸克膠子等離子體，就處於這樣一種無視摩擦力的超流體狀態。如果你要問為什麼，我只能回答：因為量子力學。（超流體是量子力學中特有的流體狀態。）

費米超流體屬於一種特殊的超流體。就像普通的雞肉叫雞肉，但豆腐做的「雞肉」要叫素雞一樣。物理學家把他們最先瞭解的、由氦-4原子這樣的玻色子組成的超流體叫超流體，而把他們後來才瞭解的，由中子、夸克這樣的費米子組成的超流體叫費米超流體。

進階的量子世界：人人都能看懂的量子科學漫畫

從這個怪怪的名字我們可以看出，如果想要在實驗室裡「將一種材料置於極端條件下」，使之形成一種費米超流體，從而擁有與中子星的外殼和夸克膠子等離子體相同的物理性質，最好的辦法肯定不是研究物理學家最熟悉的氦-4超流體。

144

# 第九章

因為氦-4原子屬於玻色子，它形成的超流體不屬於費米超流體。

氦-4超流體成績取消

素雞

所以，研究組在元素週期表上向前走了一步，把實驗材料確定為鋰-6原子。因為鋰-6原子屬於費米子，如果它能形成超流體，就應該是跟中子星的外殼和夸克膠子等離子體類似的費米超流體。

費米子短道速滑賽，冠軍當然屬於費米子！

我走錯賽場了！

氦-4超流體　　中子星的外殼　　鋰-6　　夸克膠子等離子體　　素雞

進階的量子世界：人人都能看懂的量子科學漫畫

那麼，是不是把鋰-6原子弄來，把它的溫度降低到絕對零度附近，讓它形成費米超流體，物理學家就大功告成了呢？

## （二）什麼叫強相互作用極限下的費米超流體

事情沒有那麼簡單。因為中子星的外殼和夸克膠子等離子體不是普通的費米超流體，而是一種存在很強的內部相互作用的費米超流體。

要想模擬這樣的費米超流體，物理學家就得照方抓藥，讓鋰-6原子們在進入超流狀態時，保持著「高強度的相互作用」。

146

# 第九章

那麼，鋰-6原子的相互作用強度多高才算高呢？研究組一不做二不休，把鋰-6原子的相互作用強度調到了極限。用物理學的行話來說，叫作「散射長度無窮大」。不嚴格地說，你可以理解成，「在這種費米超流體中，無論兩個鋰-6原子相距多遠，它們的狀態都會相互關聯在一起。」

147

在量子力學中，相互作用達到的強度極限又叫作酉正（unitary）極限，所以研究組讓鋰-6原子們進入的狀態就叫「處於強相互作用（酉正）極限下的費米超流體」。

**強相互作用極限下的費米超流體**

強到極限，就是宇宙最強！

實現強相互作用（酉正）極限有一個好處，就是此時費米超流體的物理特徵具有普適性，跟你製造它時用了什麼材料、用了什麼形式的相互作用無關。

打個比方，醫學家在試驗新藥的時候，總是會先讓小白鼠試吃，再讓人試吃。可是，小白鼠畢竟跟人不完全一樣，小白鼠吃了有用，人吃了可不一定有用。這樣的小白鼠就缺乏普適性。

這減肥藥真有效！

我瘦了20克！

我的天哪，什麼情況？！

你這藥不靈啊，我沒瘦反而還胖了幾斤！

# 第九章

然而，假如世界上存在一種「超級小白鼠」，它除了長得像白鼠之外，生理特徵跟人類完全一樣。那麼，一種藥只要它吃了有用，人類吃了就一定有用。這樣的「超級小白鼠」在醫學上就擁有普世價值。

## 超級小白鼠

> 如果我吃了有用，人類吃了也一定管用，這就叫普世價值

實驗組利用鋰-6原子實現的強相互作用（酉正）極限下的費米超流體正是這樣一種「超級小白鼠」。只要是從它身上研究出的物理特徵，就一定是強相互作用費米超流體所具有的普遍規律，就一定可以在與它成分、相互作用、溫度、壓強、密度完全不同的中子星的外殼和夸克膠子等離子體身上套用。

那麼，研究組究竟要研究哪些物理特徵呢？

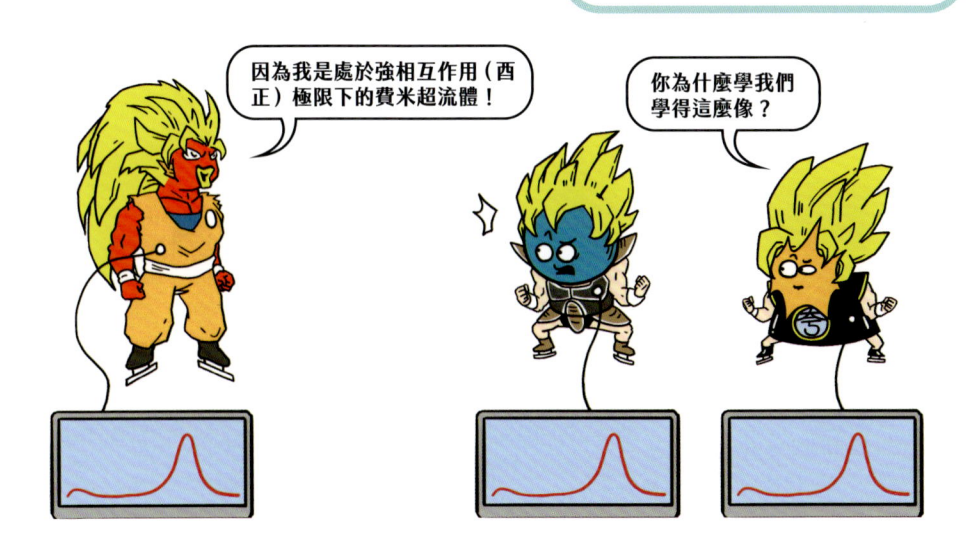

> 因為我是處於強相互作用（酉正）極限下的費米超流體！

> 你為什麼學我們學得這麼像？

149

## （三）超流體的兩組輸運特徵

研究組要弄清楚的是超流體的兩組輸運特徵：黏性、熱傳導率。

所謂黏性，就是用一個係數來描述它是像糖漿那樣黏稠，還是像水那樣不黏稠。

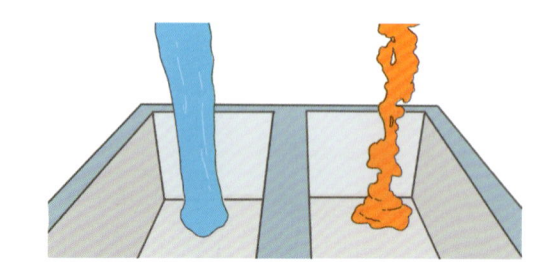

所謂熱傳導率，就是用一個係數來描述它是像鐵鍋一樣一燒就燙手，還是像木把手一樣加熱也不燙手。

根據超流體的主流物理模型「二流體模型」，研究組相信，他們只要能把這兩組係數測量清楚，就是把強相互作用的費米超流體完全研究清楚了。這兩組係數跟超流體傳輸能量（熱）和動量的能力有關，因此，它們都屬於超流體的輸運特徵。那麼，研究組怎樣才能在實驗中把這兩組係數測量清楚呢？

# 第九章

## （四）第二類聲波的衰減特徵

要想弄清楚研究組如何在實驗中測量超流體的兩組係數，我們還得介紹一個經典世界完全不存在的物理現象：第二類聲波。

什麼是第二類聲波呢？我們知道，聲波是一種機械振動。當一個物體產生振動時，它就會反覆擠壓空氣，造成附近空氣的壓強和密度反覆變化。當這種壓強和密度的振動傳到你的耳朵裡時，你就聽見了聲音。

如果你把這股壓強和密度的振動傳到超流體中，超流體也會發生壓強和密度的振動。因此，超流體也會傳遞聲音。

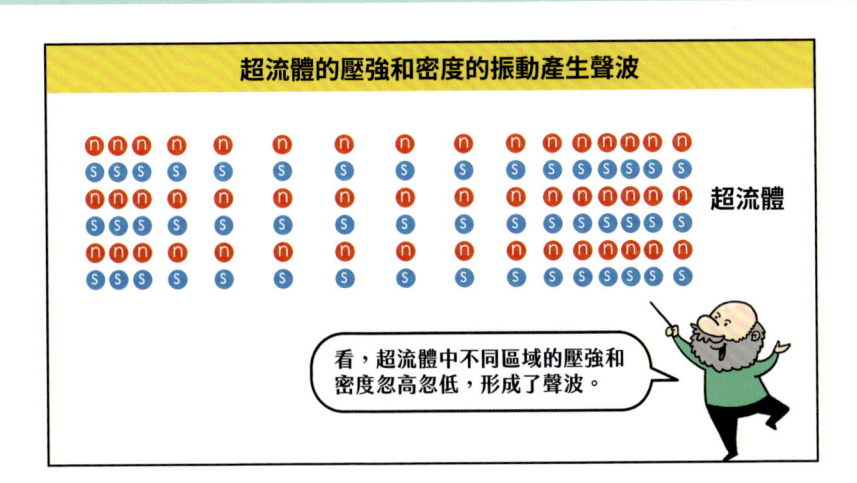

**超流體的壓強和密度的振動產生聲波**

超流體

看，超流體中不同區域的壓強和密度忽高忽低，形成了聲波。

注：
根據超流體的「二流體模型」，這裡的n和s代表超流體中的兩種子成分，這兩種子成分共同構成了超流體。

151

然而，物理學家發現，除了壓強和密度的振動，超流體還可以傳遞一種熵和溫度的振動。由於前一種振動是一種聲波，所以，物理學家給另一種振動起了一個名字，叫作第二類聲波。

### 超流體的溫度和熵的振動產生第二類聲波

看，超流體中不同區域的成分比例變來變去，導致溫度和熵忽高忽低，形成了第二類聲波。

你可以把第二類聲波想像成下述這樣一個景象：超流體就像一個大型的團體操表演現場。分散在超流體各處的粒子集團，就像團體操中的一個個演員一樣，它們本身沒有運動，但它們卻一會兒舉起紅牌（變成超流體中的子成分n），一會兒舉起藍牌（變成超流體中的子成分s）。從近處看，它們都待在各自的位置上，完全沒有運動。從遠處看，它們的牌子變來變去，從整體上形成了一股整齊劃一的波動。在物理學家看來，這樣的波動就是熵（和溫度）的波動。

# 第九章

總之，要想測量超流體的兩組係數，研究組就得先在超流體中激發起聲波和第二類聲波，然後分別測量它們的衰減特徵。只有先測得聲波的衰減特徵，他們才能計算出超流體的兩組係數。問題又來了，聲波的衰減特徵是什麼意思呢？

瞭解聲波的衰減特徵有兩種辦法。第一種辦法是，在超流體中激發起一股聲波（或第二類聲波），然後看它以什麼樣的速度越變越弱。這種辦法很容易理解，但這不是研究組採用的辦法。

哐哐哐哐～聲音越變越小，這就叫衰減。

另一種辦法是，在超流體中以相同的強度，激起不同頻率的聲波（或第二類聲波），然後看哪種頻率的聲波強，哪種頻率的聲波弱，以及產生的強弱分佈的寬度是多少。研究組測量聲波衰減特徵時，採用的就是這種辦法。雖然這種辦法有點兒不好理解，但它跟第一種辦法是完全等價的（二者僅相差一次傅立葉變換）。

有的頻率的聲波強，有的頻率的聲波弱，這是理解衰減的另一種辦法。

說到這兒，實驗背景就基本上交代全了。研究組就是要用鋰-6原子製備強相互作用（酉正）極限下的費米超流體，並透過測量它的聲波（或第二類聲波）的衰減特徵，根據超流體研究中的主流模型「二流體模型」，得出這種超流體的兩組輸運特徵係數：黏性、熱傳導率。

進階的量子世界：人人都能看懂的量子科學漫畫

那麼，研究組具體是如何做的呢？

## （五）實驗的結果和意義

首先，研究組把約1000萬個鋰-6原子放進了一個立方體形狀的空盒子中。

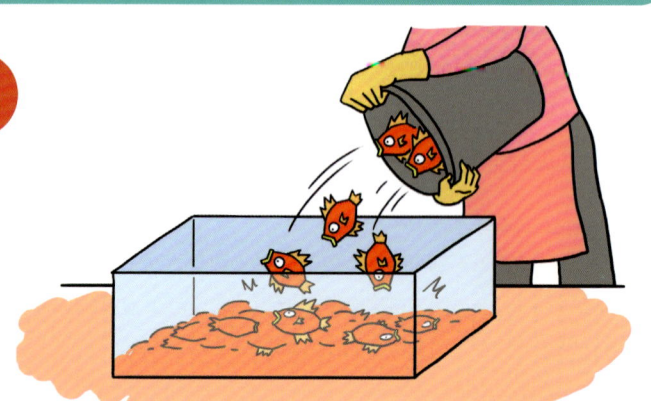

用物理學的行話講，他們透過鐳射與磁場的緊密而又精細的配合，在一個區域中構建了一個勢阱，然後成功地讓鋰-6原子們懸浮在其中，並將溫度降低到大約一億分之幾開爾文。這時，鋰-6原子們就進入了超流體狀態。

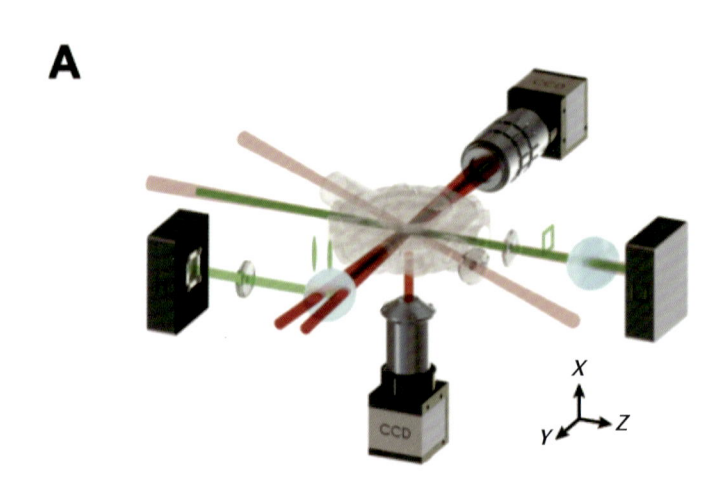

A

154

第九章

接著,他們透過讓兩束鐳射發生干涉,讓盒子像波浪一樣上下起伏。

早知道平時多鍛鍊一下……

再使點兒勁!

學生代表

學生代表

這就相當於將一個移動的光晶格載入到鋰-6原子組成的超流體上。

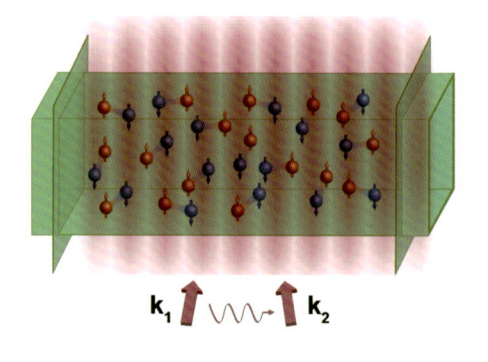

$k_1$  $k_2$

這時,超流體中催生了一股神祕的波浪。研究組發現,這股波浪既包含了普通的聲波,也包含了超流體特有的第二類聲波。

155

進階的量子世界：人人都能看懂的量子科學漫畫

**聲波**

**第二類聲波**

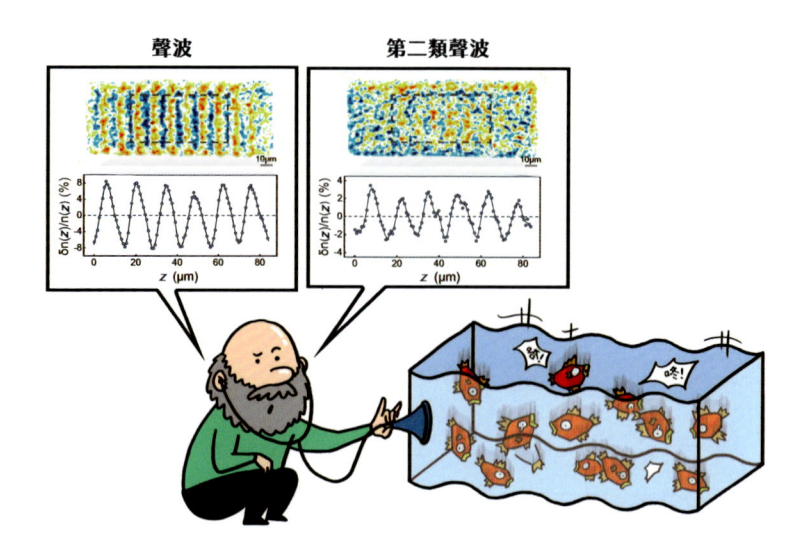

於是，他們用剛才我們說的第二種辦法，測量了聲波（和第二類聲波）的衰減特徵。

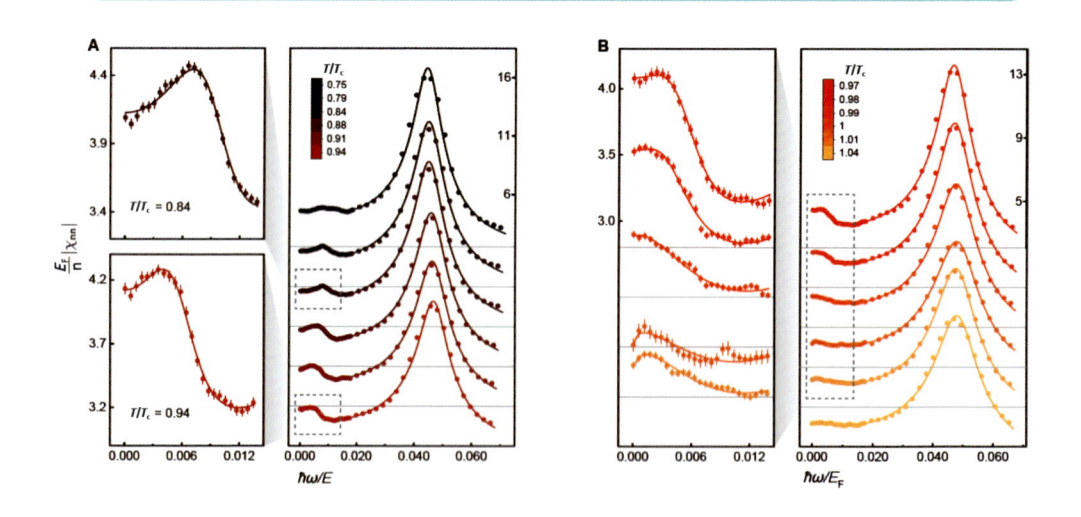

與此同時，他們還在超流體的相變臨界溫度附近，測量了輸運特徵所表現出的物理學家非常重視的臨界發散行為。

156

第九章

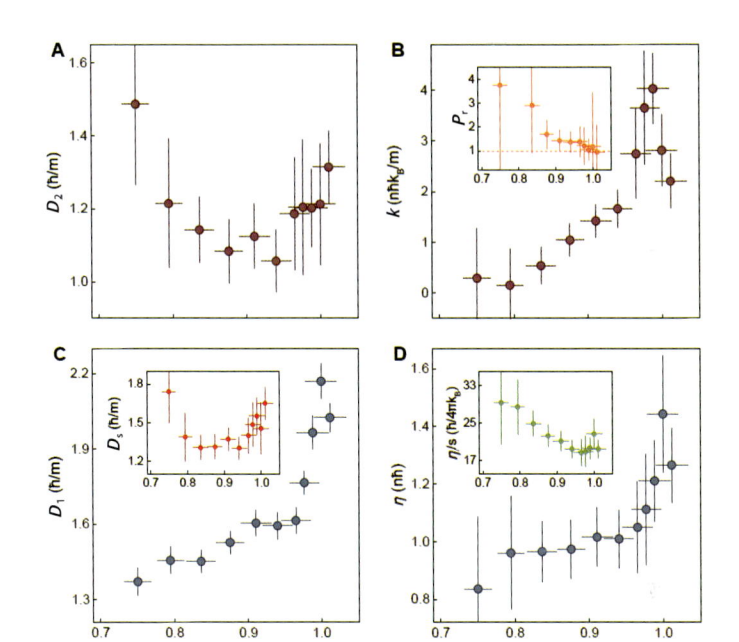

注：如圖所示，輸運特徵的數值在相變臨界溫度附近突然增大。

2022年2月4日，研究組的論文發表在了《科學》雜誌上。

胡輝　潘建偉　陳宇翱　姚星燦

學生代表

157

進階的量子世界：人人都能看懂的量子科學漫畫

> 研究組的實驗結果至少有 4 個層面的意義。

第一，要想讓約1,000萬個鋰-6 原子乖乖地形成密度均勻的、溫度精確的、能長時間保持穩定的、可以受研究組精確控制的、處於強相互作用（酉正）極限下的費米超流體是非常困難的。與此同時，要在這樣的超流體身上激發第二聲波，並精確測量其衰減特徵，也是非常困難的。研究組成功地完成了實驗製備和測量，發展了一個可精確調控的多體量子系統，為量子模擬研究打下了基礎，這本身就很有意義。

第二，超流體的主流模型「二流體模型」原先是用來描述常規超流體（如氦-4 超流體）的。研究組的實驗證明，它同樣也適用於酉正費米超流體。

158

# 第九章

　　第三，研究組的測量結果證明，酉正費米超流體的輸運係數均達到了普適的量子力學極限值，例如第二聲擴散係數約為 $\hbar/m$，熱導率約為 $n\hbar k_B/m$。這說明，它的確如物理學家所期待的那樣，是一種「超級小白鼠」。我們從它身上獲得的物理知識，可以放心地推廣到其他類似的費米超流體上。

> 看它現在變得多生龍活虎。哥你們幾個要不要也試試，包準你們個個也變得活蹦亂跳、「栩栩如生」！

　　第四，研究組在這種酉正費米超流體身上，發現了一個比氦-4 超流體臨界區大了約 100 倍的臨界區。有了更大的臨界區，物理學家研究他們非常重視的臨界發散行為就會方便得多。這一發現為利用該體系開展進一步的量子模擬研究，從而理解強關聯費米體系中的反常輸運現象奠定了基礎。

> 天啊！臨界區就這麼點地兒！救命啊！

氦-4 超流體

臨界區

> 臨界區真大，著陸穩穩當當！真棒！

強相互作用極限下的費米超流體

臨界區

159

說到強關聯費米體系，你可能會覺得陌生。其實，物理學家日思夜想的高溫超導材料，就屬於強關聯費米體系。

我們希望，在未來，物理學家能夠進一步在實驗室中用超冷原子模擬費米超流體，並對它開展更深入的研究。這些研究不僅能幫助我們理解中子星的外殼和宇宙大爆炸早期的夸克膠子等離子體的物理性質，還能進一步揭示強關聯費米系統的物理性質，說明我們獲得對這一未知領域的全面認識。

具備了對強關聯費米系統的全面認識以後，我們就能夠理解和設計有經濟價值的高溫超導材料啦！

# 第九章

注：

　　本次實驗有一個關鍵。研究組要將鋰-6原子分成兩組。他們讓其中一組鋰-6原子進入能量最低的塞曼能級狀態，而讓另一組鋰-6原子進入能量倒數第二低的塞曼能級狀態。為什麼要把鋰-6原子分成兩組不同的狀態呢？因為如果不把鋰-6原子分成兩組不同的狀態，所有鋰-6原子就是完全相同的費米子，即全同費米子。根據包利不相容原理，全同費米子在空間上無法重疊，相互作用很微弱，無法形成酉正費米子體系。只有將鋰-6原子分成兩組不同的狀態後，兩組鋰-6原子才有可能發生很強的相互作用，從而實現酉正費米子體系。

參考文獻：

1. Li X, Luo X, Wang S, et al. Second sound attenuation near quantum criticality[J]. Science, 2022, 375(6580): 528-533.
2. Donnelly R J. The two-fluid theory and second sound in liquid helium[J]. Phys. Today, 2009, 62(10): 34-39.
3. Schaefer T. Quantum-limited sound attenuation[J]. Science, 2020, 370(6521): 1162-1163.
4. Patel P B, Yan Z, Mukherjee B, et al. Universal sound diffusion in a strongly interacting Fermi gas[J]. Science, 2020, 370(6521): 1226.

# 第十章
# 雙重盜夢空間：
中國科學家首次用超冷原子類比基本外爾半金屬

# 第十章

## 創新

現在,
有一件事變得越來越重要,
那就是創新。

沒有創新是不行的!

新的增長,
就得有創新的工業、
創新的材料和
全新的物質形態。

創新的工業

創新的材料

全新的物質形態

比如,如果沒有20世紀40年代半導體材料的突破,我們根本不可能引爆持續多年的電腦和網際網路的熱潮。

163

進階的量子世界：人人都能看懂的量子科學漫畫

沒有我，哪有你們呀！

半導體材料　　　　　電腦和網際網路

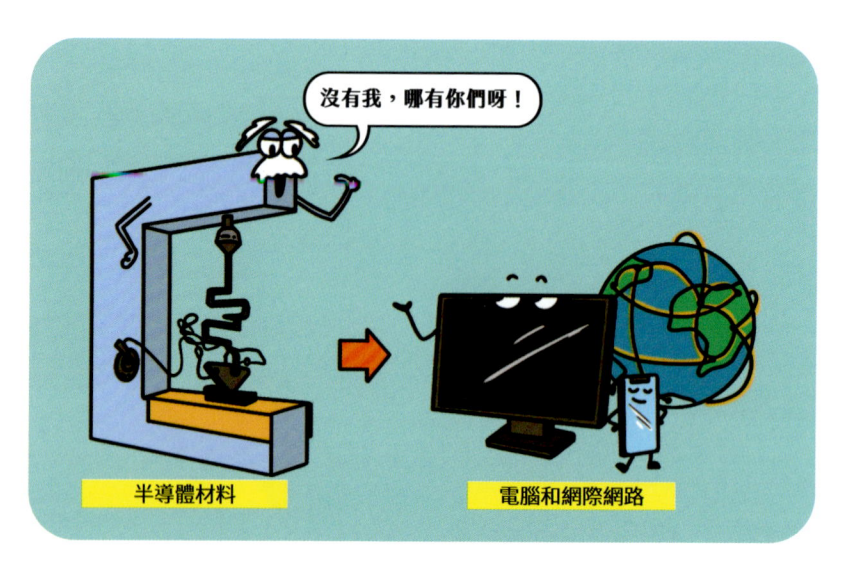

今天我們要介紹的也是一種全新的物質材料。

全新的物質材料

猜猜我是誰？

第十章

電你！

這種材料有很多怪異的屬性。
比如，它能導電，但是導電能力很弱，
所以它既不是金屬，也不是絕緣體。

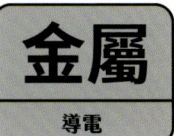

**金屬**
導電

電不動！

**絕緣體**
不導電

奇怪！

**既不是金屬
也不是絕緣體**
導電能力很弱

你知道嗎？
半導體的導電能力也很弱。
那麼它有沒有可能是半導體呢？
我們經常說的半導體，
其實是個弱的絕緣體，
如果把半導體的溫度降到絕對零度，
它其實完全不導電。

## 絕對零度

咦？完全電不動，
你是半導體！

半導體材料

但這種材料不同。
即使在絕對零溫下，
它也存在一定導電能力，雖然很弱。
所以它可以算作一種弱導電的金屬。

# 第十章

# 絕對零度

喲，都絕對零度了你居然還導電！你到底是誰啊？

全新的物質材料

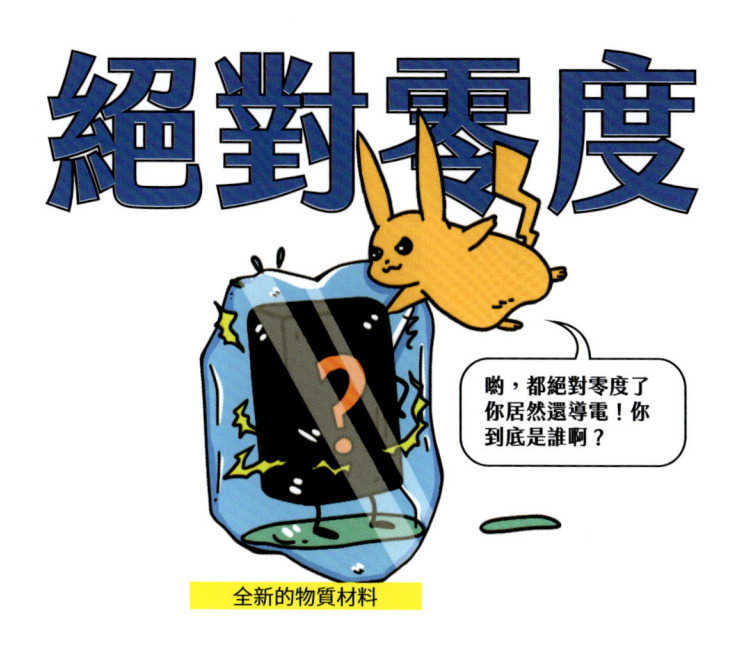

除此之外，它還有很多讓物理學家非常關注的特點。

第一，如果你仔細觀察它內部的電子，
就會發現只有極少量的電子在導電，
其他電子都不參與導電。
而且，這些導電電子的運動速度都差不多。
這跟正常的導體或絕緣體完全不一樣。

進階的量子世界：人人都能看懂的量子科學漫畫

我的電子有快有慢！

金屬

我的電子都是懶惰鬼！

絕緣體

我的電子從來不超速！

全新的
物質材料

注：以上畫面是近似描述。這種現象更準確的描述叫「費米面位於外爾點」。

# 第十章

第二，在它的上下表面，
導電的電子只能大致朝著一個方向運動，
沒法反過來運動。

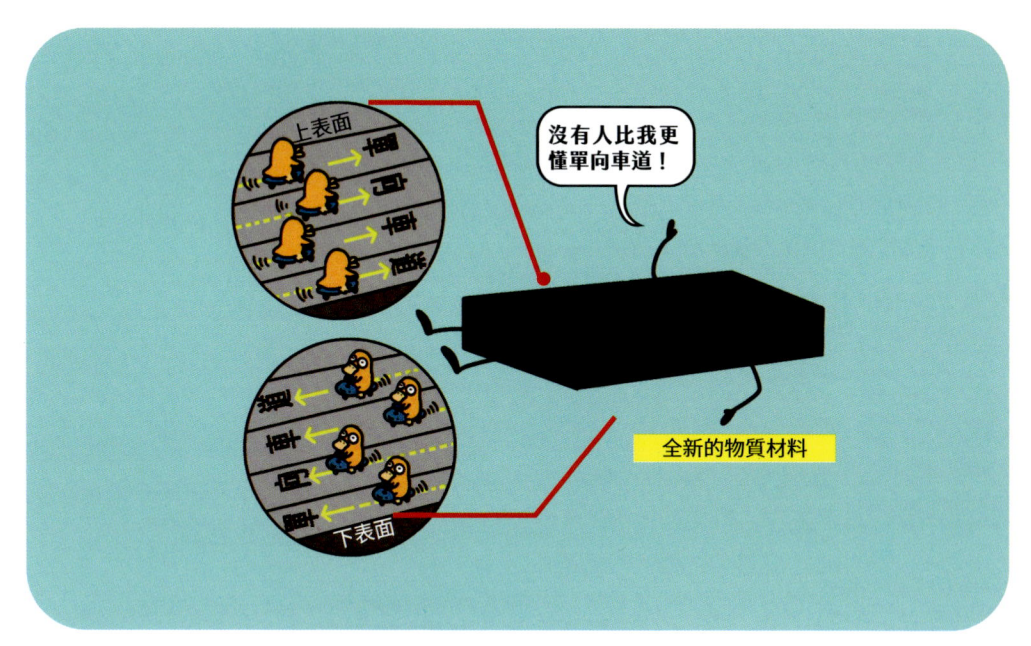

上表面

沒有人比我更懂單向車道！

全新的物質材料

下表面

注：以上畫面是近似描述。這種現象更準確的描述叫「表面費米弧」。

第三，如果你仔細研究其中電子的運動規律，
就會發現，幫它導電的電子的品質彷彿憑空消失了。
電子居然可以像無品質的光子一樣進行相對論性的運動[1]。

進階的量子世界：人人都能看懂的量子科學漫畫

雖然我跑得沒有光快，
但我也有相對論效應哦！

電子

全新的物質材料內部

哇，你是怎麼做到的？

光子

它之所以有如此奇怪的特性，
原因之一是它內部的原子對電子施加了外力，
使得電子的運動等效看起來不遵循薛丁格方程，
而是遵循一種由數學家韋爾提出的方程。

# 第十章

所以，它的名字叫韋爾半金屬。

# 韋爾半金屬

在韋爾半金屬中，電子並不是真的沒有質量，而是在外力的作用下，可以模擬無質量粒子的運動。這就好比電子做了一個夢，進入盜夢空間，夢見自己變成像光子那樣「無質量」的粒子。

**進階的量子世界：人人都能看懂的量子科學漫畫**

那麼，如何才能找到這種神奇的韋爾半金屬呢？
凝聚態物理學家嘗試了很多材料，
取得了相當多的進展。

172

# 第十章

# 韋爾半金屬材料

TaAs　　NbAs　　NbP　　TaP

雖然如此，但這些韋爾半金屬都不屬於最基本的韋爾半金屬。
最基本的韋爾半金屬的表面，
就像我們剛才說的，
電子的運動狀態非常簡潔。

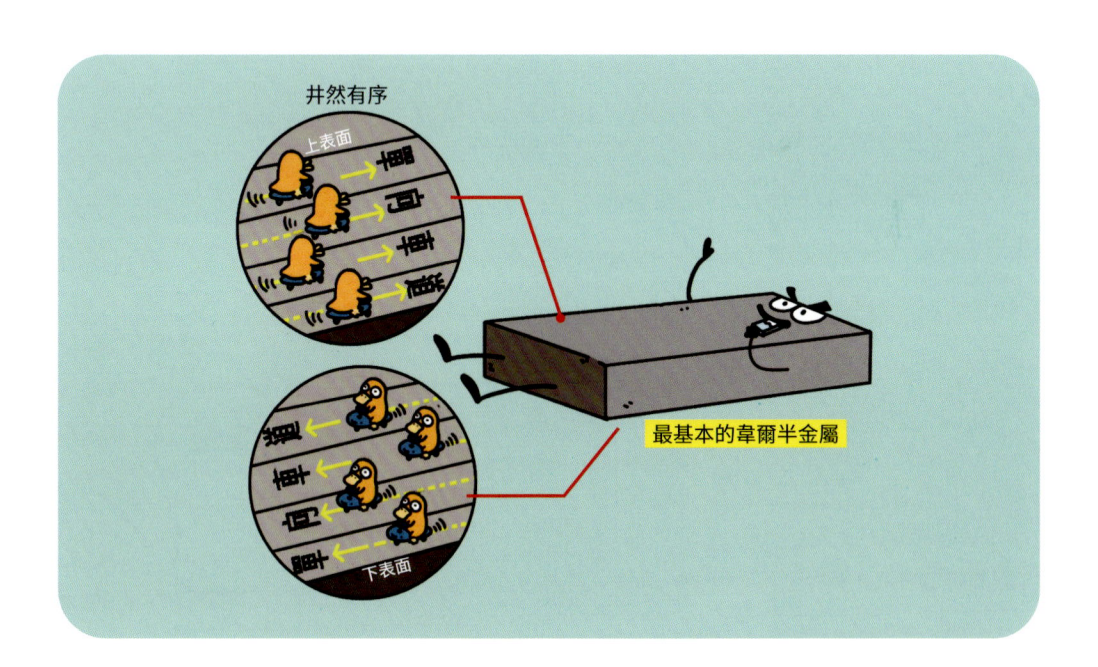

井然有序

上表面

下表面

最基本的韋爾半金屬

然而，在凝聚態物理學家合成的那些材料的表面，
電子的運動狀態要稍微複雜一些。

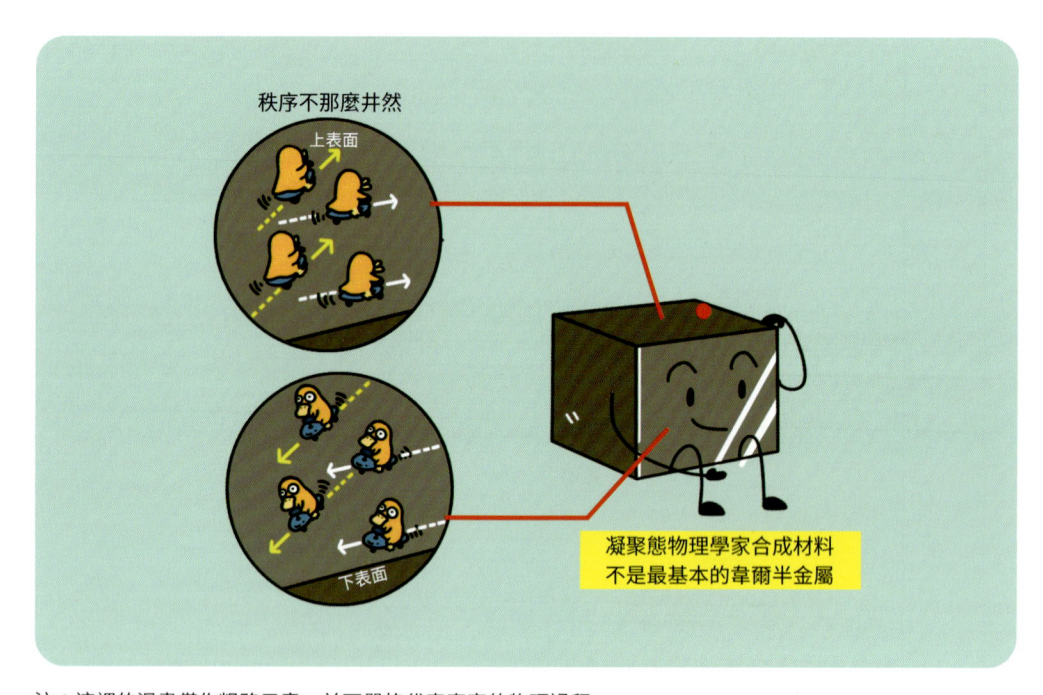

秩序不那麼井然

上表面

下表面

凝聚態物理學家合成材料
不是最基本的韋爾半金屬

注：這裡的漫畫僅作粗略示意，並不嚴格代表真實的物理過程。

所以，它們不是我們說的最基本的韋爾半金屬，
事實上，物理學家一直沒有找到最基本的韋爾半金屬。

難道這事就這麼算了嗎？

無奈！

# 第十章

北京大學劉雄軍研究組從理論上提出，我們可以用超冷原子來類比材料中的電子，再用鐳射來類比電子受到的外力。

我堂堂原子銣-87居然要類比一個電子，感覺好掉價哦！

模擬 →

超冷原子銣-87

韋爾半金屬中的電子

模擬 →

鐳射

韋爾半金屬中的電子受到的外力

進階的量子世界：人人都能看懂的量子科學漫畫

這就好比超冷原子進入了盜夢空間，夢見自己變成了電子，加入鐳射以後，電子又進入下一層盜夢空間，夢見自己變成像光子那樣「無質量」的粒子。

鐳射

超冷原子銣-87

**第一重夢境**

電子和它受到的各種外力

**第二重夢境**

外爾方程

滿足韋爾方程的相對論性無質量「電子」。

# 第十章 無能為力

用這種辦法,我們就可以模擬最基本的韋爾半金屬。那麼,這個理論方案到底可不可行呢?

中國科學技術大學潘建偉、陳帥,聯合北京大學劉雄軍研究組在實驗室中實施了這個方案。

$H_{\text{Weyl}} = h(q) \cdot \sigma$

理論上完全可行!

下面就看我們的實驗厲不厲害了!

劉雄軍　　潘建偉　　陳帥　　學生代表

首先,他們把一群原子銣-87冷凍到絕對零度附近。

原子銣-87　　冷凍到絕對零度附近　　超冷原子銣-87

進階的量子世界：人人都能看懂的量子科學漫畫

為了讓這群原子銣-87能夠類比韋爾半金屬中的電子，
物理學家必須營造一種特殊的物理現象，
即三度自旋軌道耦合。

# 三度空間自旋軌道耦合

三度空間自旋軌道耦合是什麼意思呢？在韋爾半金屬中，
電子會存在兩種運動。
第一種運動是到處亂跑，
叫軌道運動。

軌道運動

第二種運動是電子像陀螺一樣自轉，
叫自旋運動。

自旋運動

如果電子的第一種運動
和第二種運動之間，
存在明顯的對應關係，
就叫自旋軌道耦合。

# 第十章

## 自旋軌道耦合

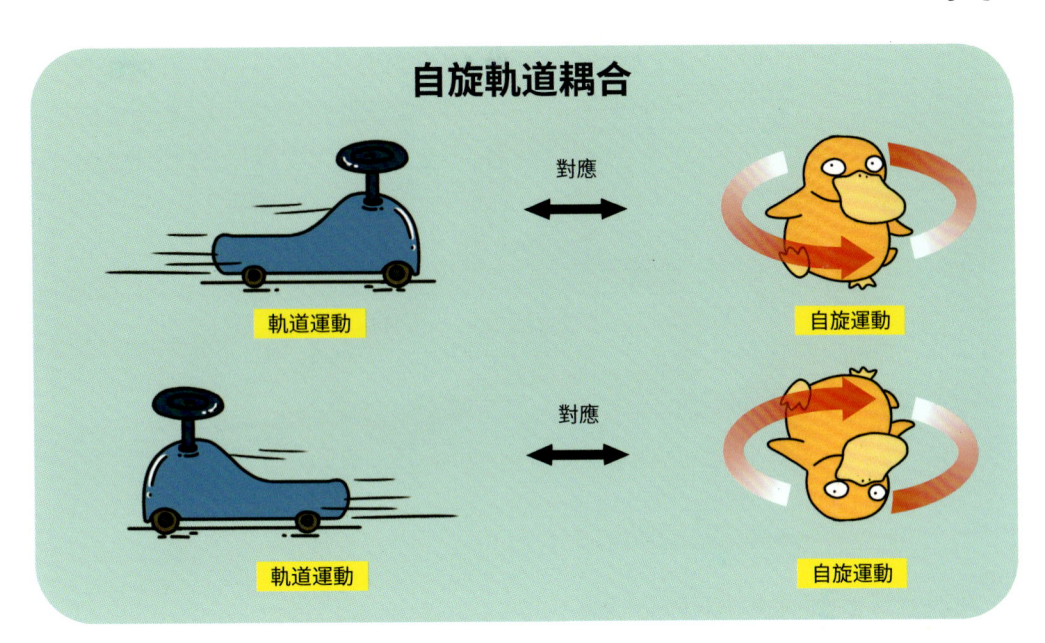

對應

軌道運動　　自旋運動

對應

軌道運動　　自旋運動

如果電子在3個方向上的軌道運動
和電子自旋在3個方向上的狀態，
都存在明顯的對應關係，
就叫作三度空間自旋軌道耦合。

所以，實驗的第二步，物理學家就是要透過三束不同方向的鐳射，讓原子銣-87類比電子的三度空間自旋軌道耦合。

**三度空間自旋軌道耦合**

耦合

耦合

耦合

179

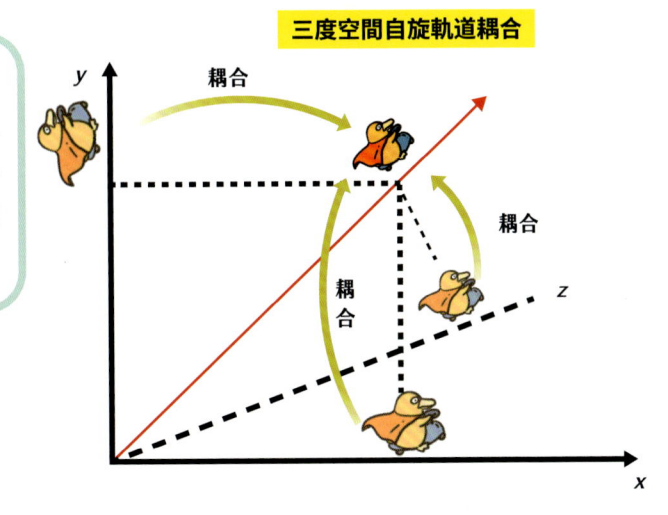

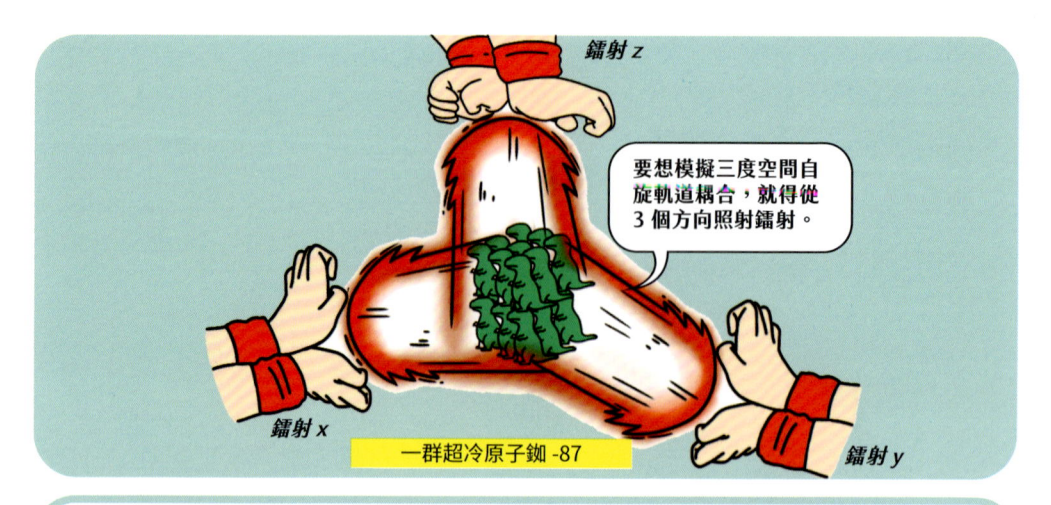

進階的量子世界：人人都能看懂的量子科學漫畫

鐳射 z

要想模擬三度空間自旋軌道耦合，就得從 3 個方向照射鐳射。

鐳射 x　　一群超冷原子銣 -87　　鐳射 y

簡單地說，
他們要讓原子銣-87的兩個能量狀態，
類比電子的兩個自旋狀態。

電子的自旋狀態 1　　　　電子的自旋狀態 2

我站起來了！　　　　　　我又趴下了！

超冷原子銣 -87 的能量狀態 1　　超冷原子銣 -87 的能量狀態 2

180

第十章

> 同時,他們要讓原子銣-87的運動,類比電子在各種原子之間的運動。

電子在受到外力時的運動

這小子跑得倒挺快!

我在鐳射裡連續練功 3 分鐘都不喘!

超冷原子銣 -87 在鐳射的光晶格中的運動

並且，三束鐳射必須存在一定的配合，使得原子銣-87的能量狀態和運動狀態存在很強的關聯。

這樣一來，它們就能夠實現三度空間自旋軌道耦合。

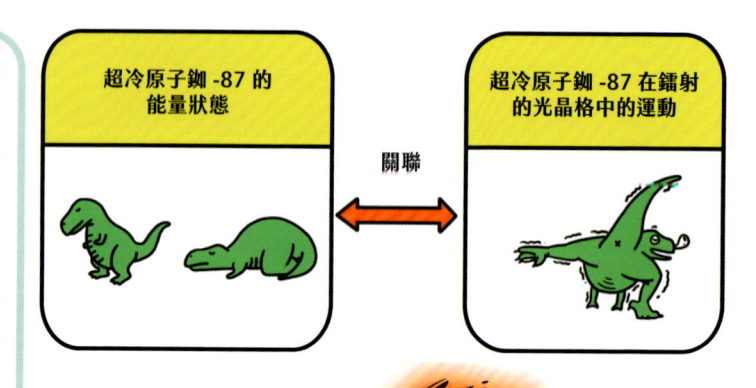

超冷原子銣-87的能量狀態 ⇔ 超冷原子銣-87在鐳射的光晶格中的運動

關聯

鐳射

超冷原子銣-87

根據韋爾半金屬的理論，實現了三度空間自旋軌道耦合，原子銣-87就能模擬最基本的韋爾半金屬（的電子的行為）啦！

**第一重夢境**

電子和它受到的各種外力

**第二重夢境**

外爾方程

滿足韋爾方程的相對論性無質量「電子」

第十章

# 無能為力

但是，這些原子有沒有做夢，夢見了什麼內容，我們怎麼會知道呢？換句話說，要怎樣證明它模擬的確實是最基本的韋爾半金屬呢？

物理學家還得尋找一個特殊的證據。
有了這個證據，他們才能證明這群原子銣-87模擬的就是他們想要的東西。

這個特殊的證據叫作「一對韋爾點」。
它的理論涉及複雜的數學，
我們就不仔細說了。

一對韋爾點

總之，它需要你把電子的運動狀態畫成一張三維立體的分佈圖。

這張圖裡的每一個點都表示電子在某個方向上的運動「速度」。

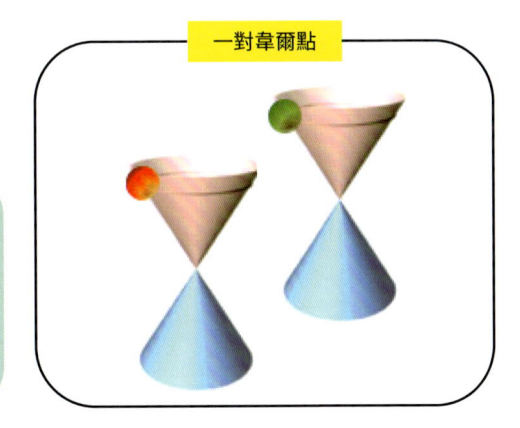

183

進階的量子世界：人人都能看懂的量子科學漫畫

紅色表示電子的自旋狀態 1，
藍色表示電子的自旋狀態 2。

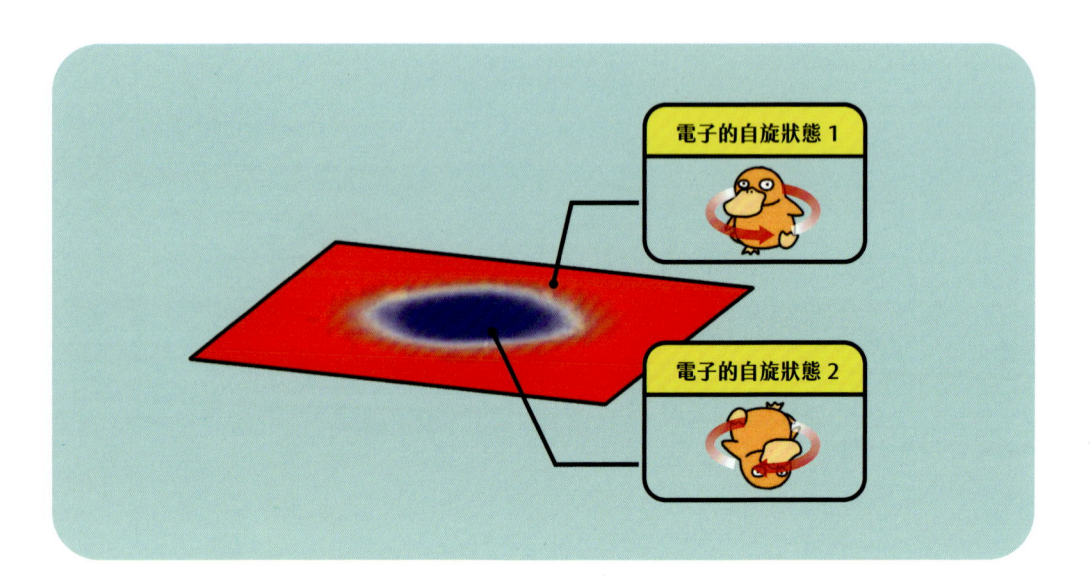

電子的自旋狀態 1

電子的自旋狀態 2

如果不存在自旋軌道耦合，
這張圖裡的紅色和藍色應該都是隨機分佈的。

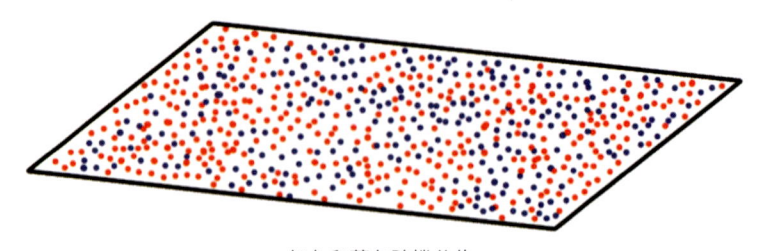

紅色和藍色隨機分佈

# 第十章

> 但如果存在自旋軌道耦合，
> 這張圖裡的紅色和藍色就必須呈現明顯的規律。

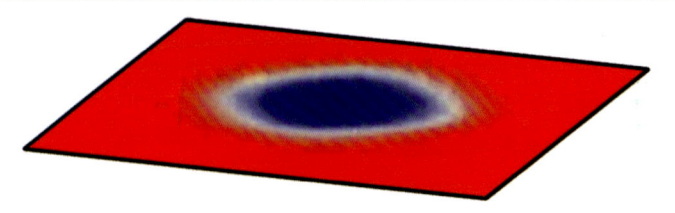

紅色和藍色呈現明顯的規律

> 就是說，這張圖裡的紅色和藍色必須有明顯的界限。
> 而且，這個界限的兩端必須是兩個點，
> 而不是兩個圈。這就是物理學家心中的特殊證據「一對韋爾點」。

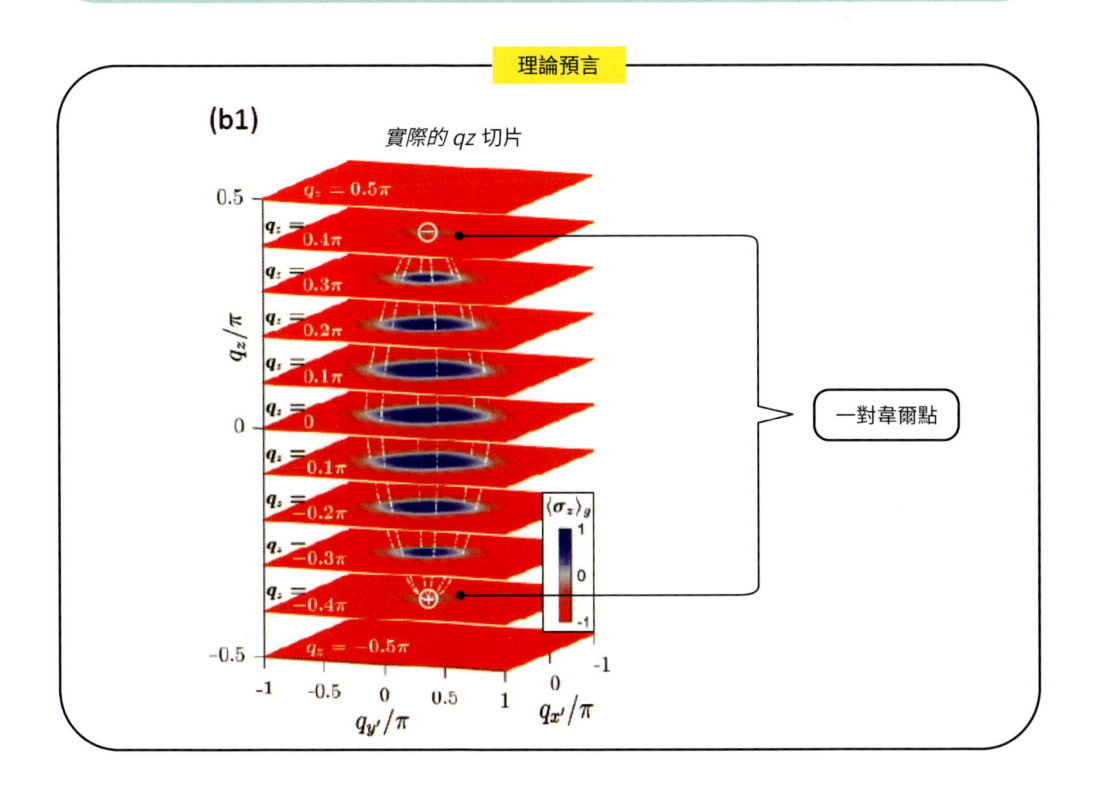

理論預言

(b1) 實際的 $qz$ 切片

一對韋爾點

185

進階的量子世界：人人都能看懂的量子科學漫畫

於是，物理學家對原子銣-87系統的運動進行了精確測量，

統計了大量原子銣-87的運動速度和能量狀態，

然後把它們畫成了一張一張的二度空間橫截面示意圖。

還記得之前的設定嗎？

原子銣-87的運動對應電子的運動，

原子銣-87的兩個能量狀態對應電子的兩個自旋狀態。

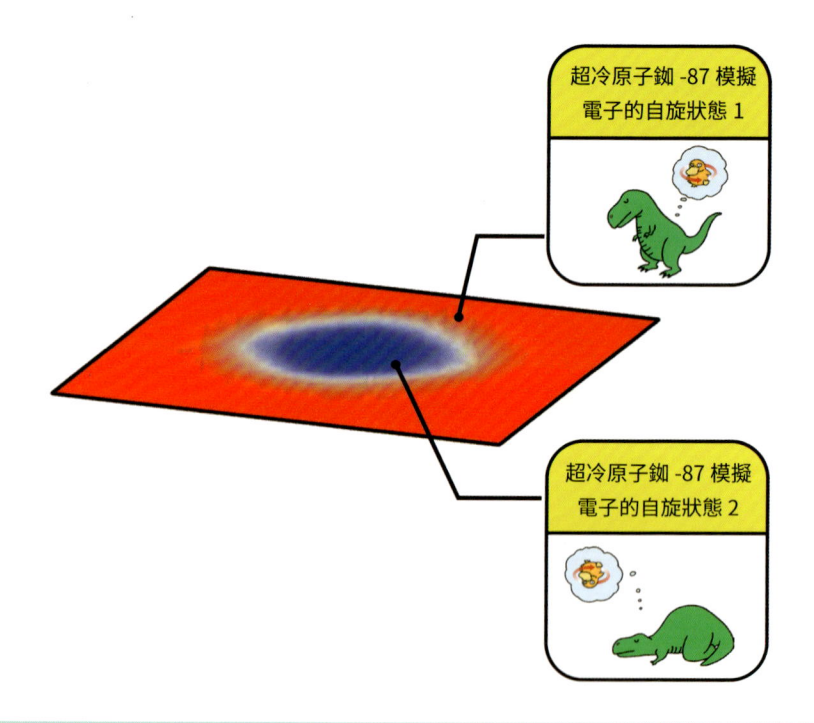

超冷原子銣-87 模擬電子的自旋狀態 1

超冷原子銣-87 模擬電子的自旋狀態 2

結果，

他們真的找到了那「一對韋爾點」。

也就是說，紅色和藍色必須有明顯的界限。

而且，這個界限的兩端必須是兩個點，而不是兩個圈。

186

# 第十章

實驗結果

圖中顯示 $q_z/\pi$ 對 $q_u/\pi$ 與 $q_v/\pi$ 的分布，標示出一對韋爾點（⊕ 與 ⊖）。

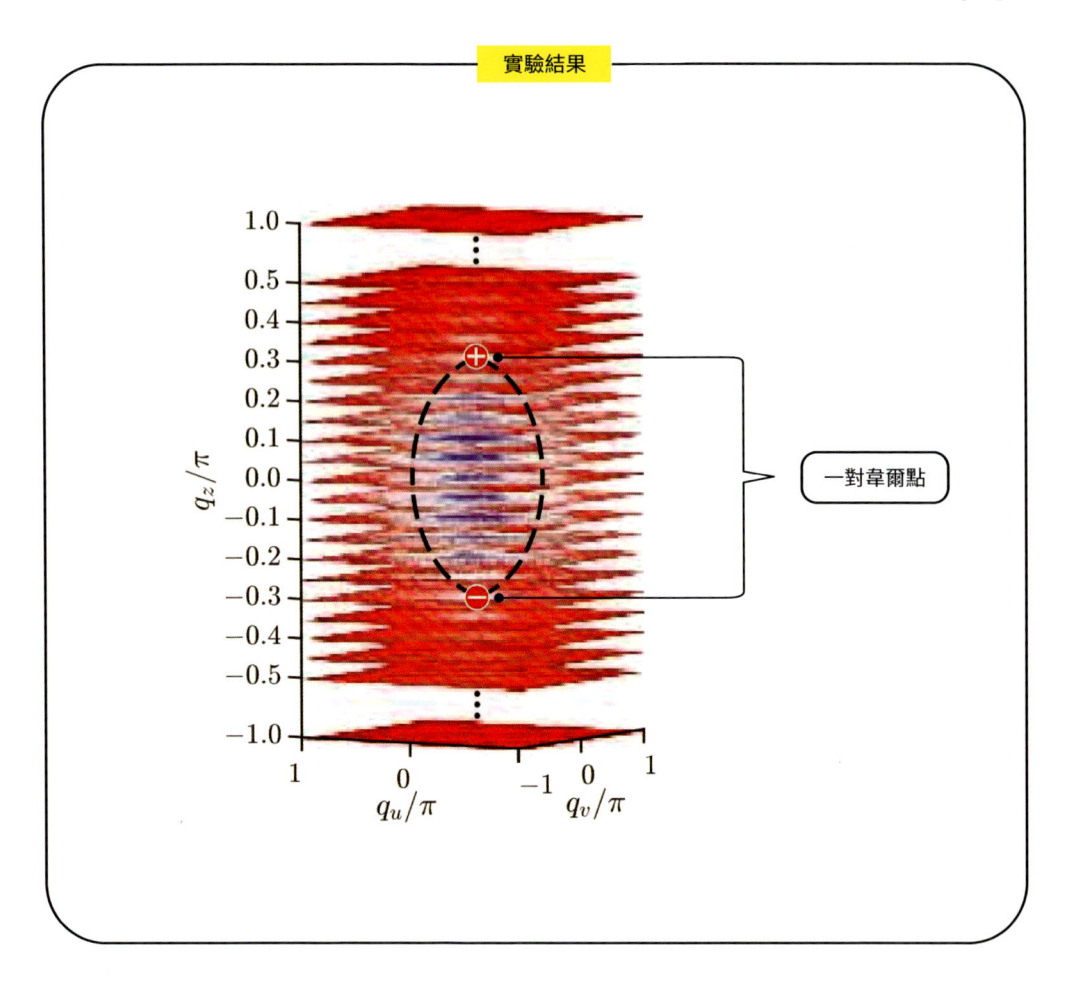

一對韋爾點

於是，
中國物理學家首次在超冷原子銣-87的系統中，
利用三度空間自旋軌道耦合，成功模擬了最基本的韋爾半金屬。
實驗論文發表在《科學》雜誌上。

進階的量子世界：人人都能看懂的量子科學漫畫

看我厲不厲害！
我是科學的！

韋爾方程

讓超冷原子銣-87「夢見」自己變成一群正在「夢見」自己變成無質量粒子的電子，其實非常重要。

有了這種技術，物理學家就可以通過調節鐳射，任意調節它們的「夢境」，以便更細緻地研究各種材料中電子的怪異行為。

接招！化解！
發動！

再說了，夢總是要有的，萬一實現了呢？

# 第十章

注：

  1.這裡說的相對論，並不是說它達到了真正的光速，而是說它目前的運動就像它達到光速一樣，會產生光速運動特有的相對論效應。在韋爾半金屬中，這個速度是可以計算出來的，它有個特定的名字叫費米速度。

  嚴格說，銣原子的兩個能量狀態，其實是銣原子的兩個自旋狀態。對比電子，電子的自旋只有兩個態，而原子的自旋往往有很多不同的態。研究組只是從其中挑出兩個來，一個類比電子的自旋朝上，另一個類比電子的自旋朝下。

參考文獻：

1. Wang Z Y, Cheng X C, Wang B Z, et al. Realization of ideal Weyl semimetal band in ultracold quantum gas with 3D Spin- Orbit coupling[J]. Science, 2021, 372(6539): 271-276.
2. Lu Y H, Wang B Z, Liu X J. Ideal Weyl semimetal with 3D spin-orbit coupled ultracold quantum gas[J]. Science Bulletin, 2020, 65(24):2080-2085.
3. 萬賢綱. 拓撲 Weyl 半金屬簡介 [J]. 物理, 2015, 44(07): 427-439.

# 第十一章
# 為了讓你更完美，
# 我必須冷酷到底：

### 極度深寒量子模擬

## 第十一章

> 導語：控制原子最有效的方式—給它們降溫！吃冰棒！

> 有人曾經說過，把全宇宙的原子都用來造電腦，也類比不了100個原子的量子行為。

> 等會兒，你有沒有覺得哪裡不對勁？為什麼必須先把原子造成電腦，然後再用電腦類比原子呢？這不是穿雨衣撐傘，沙漠裡賣除濕機，吃鹹菜蘸醬油——多此一舉嗎？

多此一舉

> 你可能會問，為什麼不直接用原子來模擬原子呢？這一來，100個原子不就能模擬100個原子了嗎？

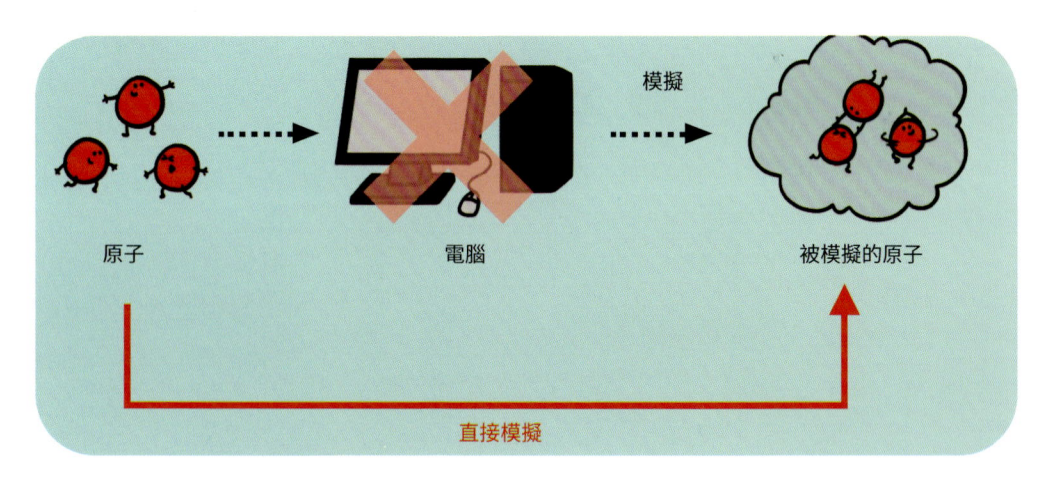

原子 → 電腦 → 模擬 → 被模擬的原子

直接模擬

> 哎呀，你真聰明，跟物理學家想的一樣。

191

進階的量子世界：人人都能看懂的量子科學漫畫

> 　　許多物理學家千方百計要把原子按在一個地方，讓它們都乖乖聽話，模擬各種多粒子體系的量子現象。這就是本章要講的基於超冷原子氣的量子模擬。

# 超冷原子

## （一）鐳射牢籠和絕對零度

> 　　在大自然中，許多原子都是到處亂跑的。

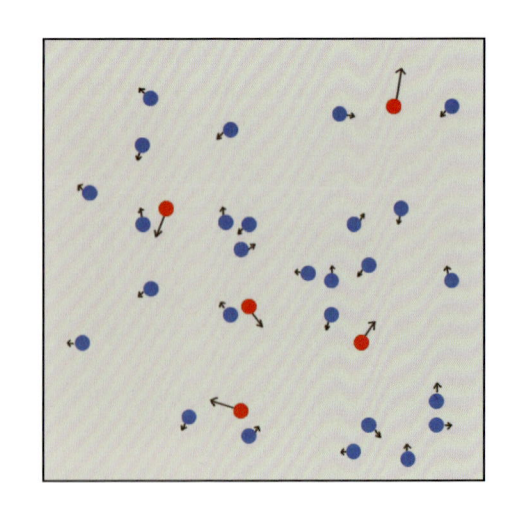

192

# 第十一章

**鐳射之術**

要想讓原子們乖乖聽話，必須得上點兒手段。比如，物理學家會用鐳射做一個牢籠，把它們關起來。

鐳射 —— 原子

如果在垂直方向加一束鐳射，就會形成一組二度空間的牢籠陣列。

**鐳射之術**

二段!!!

這樣一來，原子就可以像超市裡的盒裝雞蛋一樣，整整齊齊地排在一起了。

193

## 原子走光圖

能吃嗎？

都走光了。

只不過，單靠鐳射還不夠，因為在常溫下，原子的平均能量非常高。它們可以輕鬆擺脫鐳射的束縛，瞬間走個精光。

所以，物理學家還得使出第二個手段：把溫度降低到絕對零度附近。

## 絕對零度之術

定！

我看誰還敢亂跑亂動！

第十一章

最近年，物理學家早已把鐳射和冷卻技術練得爐火純青，使得量子模擬的實驗方案越來越豐富。可是，這些方案大多只能模擬相對簡單的量子行為，而且保真度（保證運算正確的程度）都不夠理想。

所以，很多需要解決的複雜問題，量子模擬一時半會兒還模擬不了。
這到底是怎麼回事呢？

## （二）晶格缺陷和熱力學熵

在製造電腦晶片時，矽晶片的純度必須特別高，比如我們平時常說的6個9（純度99.9999%）。這是因為，如果混上一點兒不該有的雜質，矽原子排列成的晶格就會產生大量缺陷，導致晶片性能大幅下降。

高純度單晶矽

人不是完美無缺的，可是矽晶片就是要完美無缺。

195

量子類比的情況跟它有點兒類似。雖然鐳射也上了，溫度也降了，原子也乖得有模有樣了，但是其中還是有一個不完美的地方，那就是存在晶格缺陷。

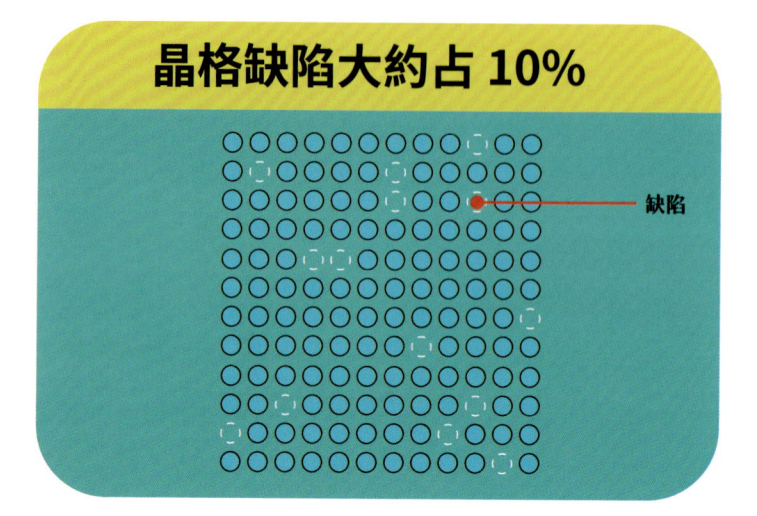

**晶格缺陷大約占 10%**

缺陷

存在晶格缺陷，量子類比系統就像有缺陷的電腦晶片，錯誤率會大大提升。所以，物理學家必須設法找到產生缺陷的原因，然後設法解決這個問題。

產生缺陷的原因物理學家早就找到了，是因為原子組成的晶格之中存在一個搗蛋鬼：

## 熱力學熵。

看到「熵」這個字，你可千萬別緊張。孔子曾經說過，「不患寡而患不均。」這裡說的「不均」，就可以理解為熵在某種情況下的表現。

# 第十一章

不嚴格地說，在冷卻即將完成時，如果大部分原子的能量都一樣低，只有個別原子的能量較高，整個系統的熱力學熵就很低。

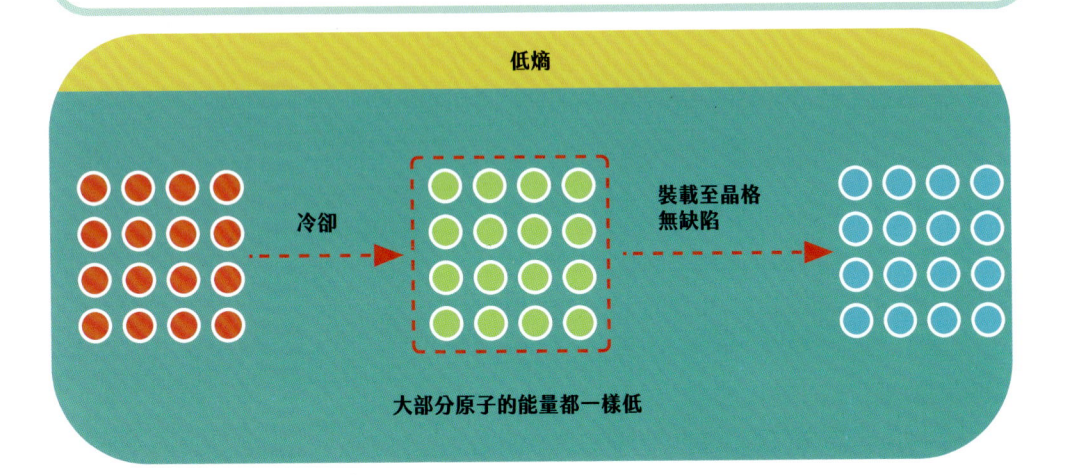

**低熵**

冷卻 → 裝載至晶格無缺陷 →

大部分原子的能量都一樣低

相反，如果許多原子的能量已經很低了，但還有許多原子具有較高的能量，整個系統的熱力學熵就會比較高。此時，這些能量較高的原子就會跳出鐳射的牢籠，留下空蕩蕩的缺陷。

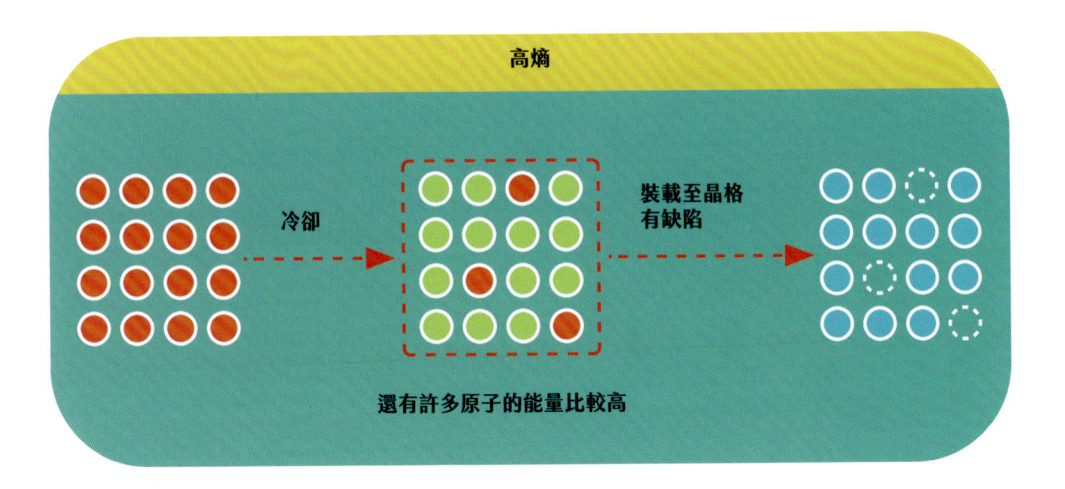

**高熵**

冷卻 → 裝載至晶格有缺陷 →

還有許多原子的能量比較高

197

所以，在降溫的過程中，原子晶格的溫度有多低已經不是問題，把熵降低才是關鍵。那麼，如何才能降低原子晶格中的熵呢？

## （三）一種新型的低熵冷卻技術

2020年，中國科學技術大學的潘建偉及其同事苑震生、楊兵（海德堡大學博士后）、戴漢寧、鄧友金等，開發並透過實驗實現了一種新型冷卻技術，極大地降低了超冷原子晶格中的熱力學熵。他們的實驗論文以「快訊」（First Release）形式發表在了《科學》雜誌上。

## 第十一章

在實驗中，他們將 1 萬個原子銣-87冷卻到了絕對零度附近，而每個原子攜帶的熱力學熵卻低得創造了世界紀錄，只有0.0019 kB，降低到了之前的方法測得的1/65。

低，實在是低！

0.0019

那麼，他們是怎樣把熵降得如此之低的呢？

這個實驗思路的腦洞非常大，請你聽仔細了。

其實，2017年，物理學家就已經在嘗試降低超冷原子的熵了。當時，他們嘗試使用一種叫「超流體」的物質形態，來吸收其中的熵。

超流體之術

嘩

199

雖然超流體能夠大量吸收熵，但效果並不理想。這是因為，超流體和原子晶格的接觸面是有限的，它只能迅速帶走接觸面附近的熵。在原子晶格的內部，還是有很多熵沒有辦法帶走。

超流體

很多熵沒有辦法帶走

看來，擴大超流體和原子晶格的接觸面，才是解決熱力學熵問題的關鍵。

那麼，誰和原子晶格的接觸面最大呢？就是原子晶格自己呀！

就是我自己呀！

俗話說，人啊，最大的敵人就是自己。如果有誰能夠克服自己的所有缺陷，那他離完美就不遠了。

於是，潘建偉團隊的物理學家們腦洞大開，想到了一種讓超冷原子自己克服自己缺陷，「自己帶走自己的熵」的冷卻方法。

第十一章

## （四）如何讓原子晶格「自己帶走自己的熵」？

為了理解「自己帶走自己的熵」，讓我們先來看一下科學原理。

還記得超市裡的雞蛋嗎？在實驗中，鐳射的作用就像雞蛋的包裝盒。兩束鐳射製造了一個一個的陷坑（即勢阱），把原子銣-87關進去，讓後者形成整齊的「晶格」。

其實，鐳射的強度是可以調節的。面對同樣一堆原子銣-87，如果鐳射強度調大，它們就處於一種被關禁閉的狀態。這就是有待冷卻的原子晶格。

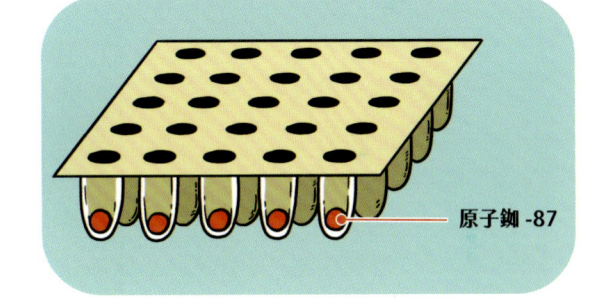

原子銣-87

然而，如果把鐳射強度稍稍調小，根據量子力學原理，原子銣-87就有可能進入一種特殊的量子狀態，也就是「超流體」的狀態。

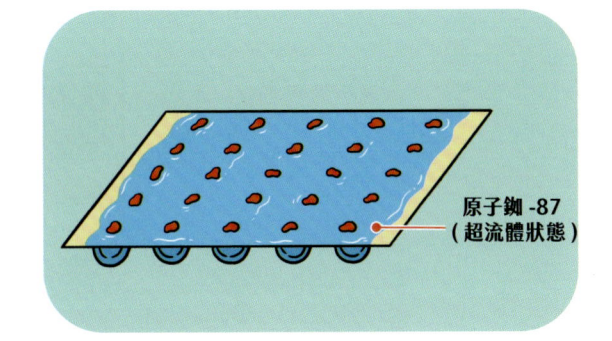

原子銣-87
（超流體狀態）

201

按理說，實驗團隊應該使用兩束鐳射做牢籠，將所有原子銣-87牢牢關在裡面。

**鐳射之術**

但是，實際情況不是這樣。實驗團隊調節了其中一束鐳射，讓它的強度變得不均勻，形成強、弱、強、弱、強這樣的週期性結構。

**鐳射週期性調製之術**

弱 強 弱 強 弱 強 弱 強 弱

# 第十一章

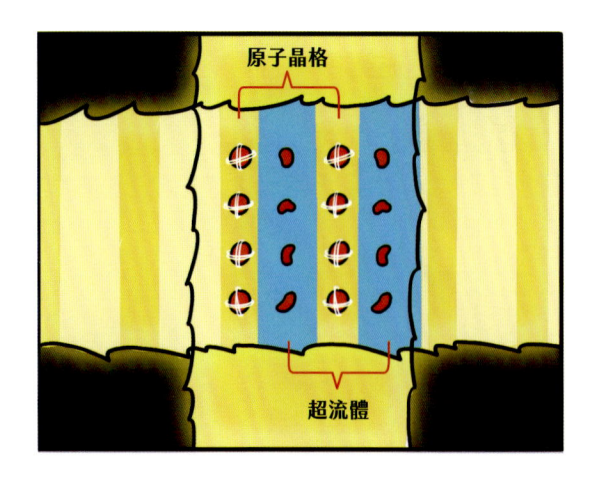

神奇的事情發生了。這個時候，原子銣-87也按照鐳射的強度分別，交錯排列形成了兩組結構。一組結構是用於量子類比的原子晶格，另一組結構是超流體。

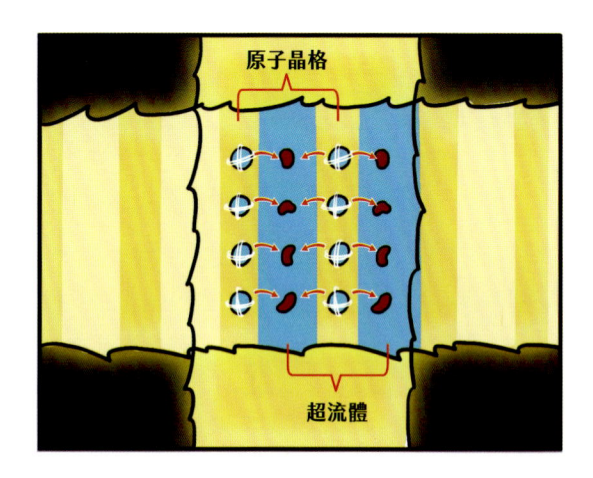

這時，由於每一組原子晶格都緊靠著一組超流體，在降溫的過程中，它們的熱力學熵就被超流體迅速帶走，一下子進入低熵狀態。

這個時候，實驗團隊再透過調節磁場和施加鐳射，把吸收了大量熵的超流體吹走。

203

進階的量子世界：人人都能看懂的量子科學漫畫

# 第十一章

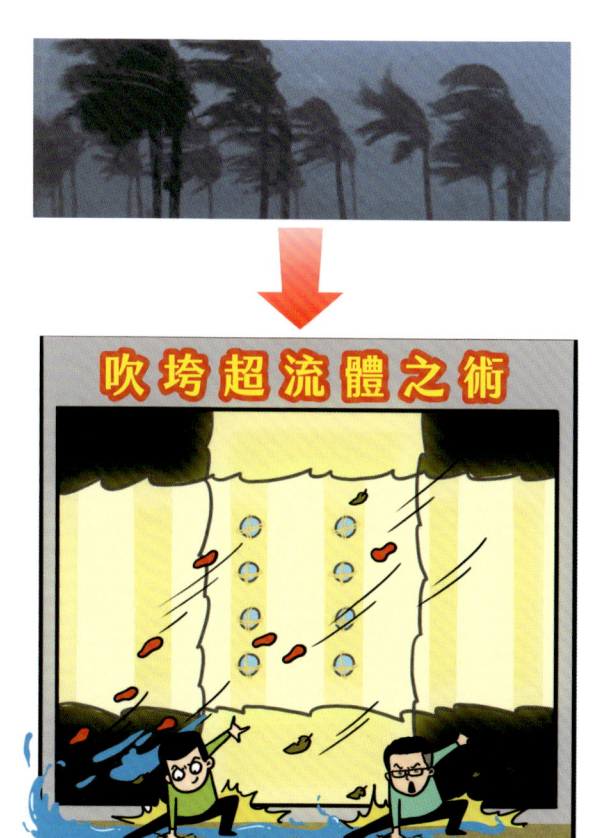

這樣一來,量子模擬中所有不該有的東西都沒有了,所有該有的東西都留了下來。

在這個過程中,有待冷卻的是一堆原子銣-87,用來吸收熵和熱的超流體還是一堆原子銣87,只是二者所處的是不同的量子狀態。所以,從某種意義上說,是原子銣-87「自己帶走了自己的熵」。

最後，他們發現，在 1 萬個原子銣-87 組成的陣列中，殘存的晶格缺陷只有不到 0.1%，比常規方法減少到了 1/100。

> 哇！缺陷真少！

> 缺陷少才能做量子模擬啊。

在自然界中，只有固體中的原子才能如此整齊地排列成晶格。現在，稀薄的銣-87 氣體中的原子也能像固體一樣，整整齊齊地排列成晶格啦！

萬事俱備，就差量子模擬了。

## （五）小試牛刀：高保真度量子門

研究完「自己帶走自己的熵」之後，潘建偉團隊又在原子銣-87 形成的晶格中，進行了一場簡單的量子模擬：製造兩量子比特的翻轉「量子門」。

他們讓 1,250 對相鄰的原子銣-87 發生了量子糾纏，並形成了兩量子比特的翻轉量子門。經過測試，該量子門的保真度高達 99.3%。

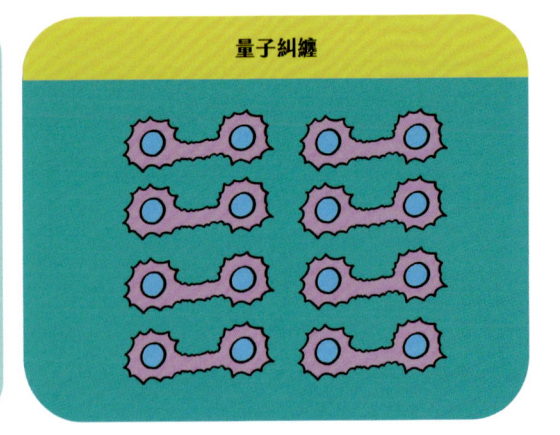

**量子糾纏**

# 第十一章

果然，低熵的超冷原子晶格就是好用！

在電腦晶片中，所有的運算功能透過有各種門電路的排列組合來實現。而運算的正確率取決於構成門電路的矽材料的純度高不高，製造工藝有沒有瑕疵。

如果將來有人造出了通用的量子計算晶片或量子類比裝置，它所有的運算功能也一定是由各種「量子門」排列組合而實現的。其中運算的正確率，在很大程度上也取決於組成「量子門」的量子裝置「有沒有瑕疵」、「夠不夠完美」。

當然，沒有最完美，只有更加完美。不管是做人，還是做科學研究，只有不斷克服自己的缺陷，才能讓自己變得更加完美。

進階的量子世界：人人都能看懂的量子科學漫畫

注：

    1. 本漫畫對實驗團隊的實驗過程做了一定程度的簡化。實際上，在冷卻過程中，原子銣-87 晶格中並不是每一個格點上只有一個原子銣-87，而是每一個格點上都有兩個原子銣-87。

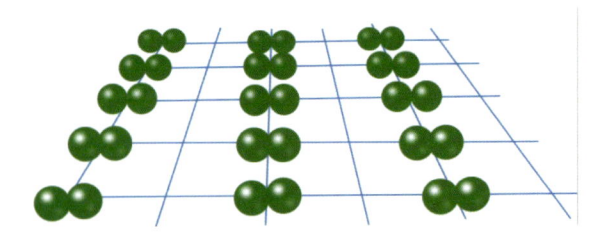

    此時，實驗團隊只需要再次調節鐳射牢籠的參數，就可以把這兩個原子分開，形成我們「一個蘿蔔一個坑」的晶格。

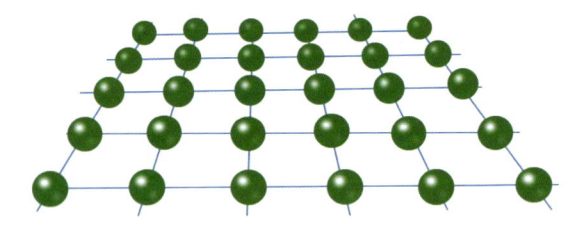

    2. 用於量子模擬的晶格的間距是由鐳射的波長決定的，所以物理學家通常把這種晶格叫「光晶格」，而不是漫畫中說的「原子晶格」。

    3. 光晶格的晶格間距是由鐳射的波長所決定的。在本漫畫介紹的實驗中，晶格間距為300多納米，是原子銣-87 組成固體時的晶格間距的100多倍。所以，這次實驗相當於實現了「讓稀薄的銣-87氣體原子如固體般整齊排列」。

參考文獻：

    1. Yang B, Sun H, Huang C J, et al. Cooling and entangling ultracold atoms in optical lattices[J]. Science, 2020,369(6503):550-553.

# 第十二章
## 小小的世界有大大的夢想：
### 超冷分子化學團隊製備超冷三原子分子氣體

進階的量子世界：人人都能看懂的量子科學漫畫

妞妞剛上初中，第一堂化學課，老師給他們看了一個非常有趣的實驗─金屬鈉和水的反應。

妞妞回到家，爸爸告訴她，他的實驗室也在做鈉原子和鉀原子的化學反應實驗。

210

# 第十二章

我等不及啦，現在就帶我去吧！

妞妞，外面正在下雨，慢點跑！

但是，當妞妞來到爸爸實驗室的時候，她沒有看到燒杯、試管，只看到了很多小鏡子和雷射器。

叔叔，怎麼沒看見做實驗的鈉金屬和鉀金屬呀？

已經在實驗裝置裡了。

爸爸告訴妞妞，他們的實驗室叫作「超冷分子化學實驗室」。在超低溫（接近絕對零度）下，他們讓鈉鉀雙原子分子和鉀原子發生反應，最終生成三原子分子。

211

**進階的量子世界：人人都能看懂的量子科學漫畫**

我來啦！

原子

鈉鉀雙原子分子

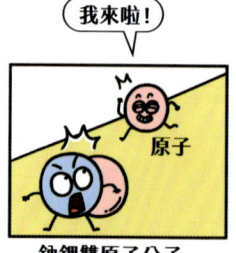

合併

三原子分子

如果化學的本質是原子、分子的「事情」，為什麼鈉金屬遇到水會發出光和熱？是因為裡面許許多多的鈉原子和水分子在發生反應，所以我們看起來是這樣嗎？

你的問題非常好！事實上，科學家也一直在思索這些問題。

化學反應是怎麼發生的？化學反應的性質為什麼是這樣的？化學反應是怎樣從量子層面過渡到經典世界的？要解開這個問題，要從更早的時候說起。

# 第十二章

從古代起，人們就好奇物質的性質。中國用五行學說來描述世界萬物的形成和相互關係，古希臘人把水、氣、火、土當成世界萬物之源。

上層大氣中還有乙太。

亞里斯多德

後來，人們試著將兩種或幾種物質放在一起，透過製造一些條件，希望它們發生反應並產生新的物質，並尋找其中的規律。

我們煉丹是為了長生不老。

巧了，我們也是為了製造出長生的祕藥，順便看能不能煉出黃金。

213

**進階的量子世界：人人都能看懂的量子科學漫畫**

17世紀的科學家羅伯特・波義耳，第一個給出了化學元素的定義，提倡為認識事物的本質而研究化學。

近代化學之父安東萬-洛朗・德・拉瓦節1775年左右透過實驗製備出了氧氣（那時他只知道這種氣體有助於燃燒，還能幫助呼吸），並於1777年認識並命名了氧氣，化學從定性走向了定量。

我們所說的化學，絕不是醫學或藥學的婢女，也不應甘當工藝和冶金的奴僕。化學本身作為自然科學中的一個獨立部分，是探索宇宙奧祕的一個方面。化學，必須是追求真理的化學。

婢女　奴僕

波義耳　醫學藥學　工藝冶金

我透過實驗製備出了氧氣。

人之生，氣之聚也；聚則為生，散則為死。故曰，通天下一氣耳。

莊子

？？？

不對，空氣的成分主要包括：氮氣、氧氣、稀有氣體、二氧化碳、水蒸氣和其他雜質。

拉瓦節與夫人

我也功不可沒，因為我是拉瓦節重要的助手和翻譯。

214

# 第十二章

1803年,英國化學家、物理學家約翰‧道爾頓提出的原子學說,更是讓化學學科獲得了重大的進展。

**墨子**:照你這麼說,我提出「端」的概念,比你還早個幾十年呢。

**德謨克利特**:2,400多年前我就提出,物質由極小的、被稱為「原子」的微粒構成,物質只能分割到原子為止啦。

牛頓　波義耳　拉瓦節

**道爾頓**:德謨克利特的原子說的確啟發了我,還有牛頓、波義耳的微粒說,以及拉瓦錫的研究成果,都對我的研究有所促進。

215

道爾頓的原子學說包含下述觀點：

（1）化學元素由不可分的微粒——原子構成。

（2）同種元素的原子性質和品質都相同，不同元素原子的性質和品質各不相同。

（3）不同元素化合時，原子以簡單整數比結合。

1900年，量子力學誕生了，有別於經典世界的物理理論，量子力學是研究在微觀層面的粒子運動的科學。科學家發現，化學的本質是原子分子的相互作用，交換和動力學演化，最終研究都將在原子、分子層面進行。

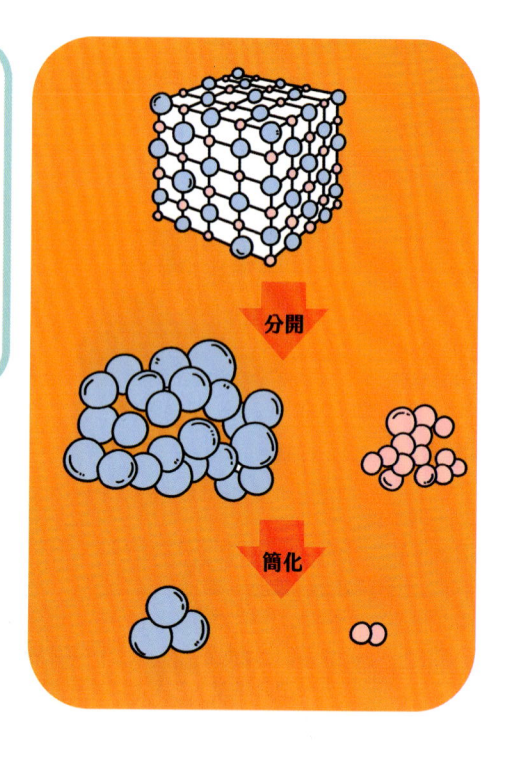

如果我們能掌握微觀粒子們化學「反應」的本質，就相當於擁有了微觀粒子「活動手冊」，對於新材料和新藥物的合成與製備能發揮非常重要的指導作用。

無論是星球、樹木還是動物，都是我們交換、碰撞的產物。

原子　　　三原子分子

# 第十二章

狄拉克曾經說過，大部分物理和整個化學的數學理論所必需的基本物理定律已經完備了，而困難之處僅在於這些定律的精確應用會導致方程過於複雜而無法求解。因此，只要能求解描述原子核和電子的多粒子薛丁格方程，我們就能洞察化學的一切奧祕。

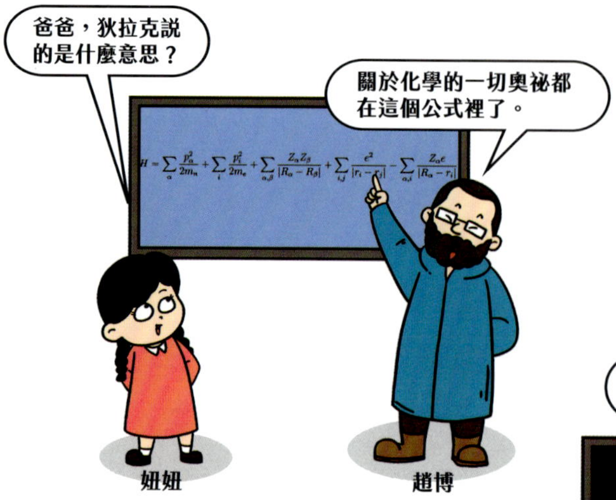


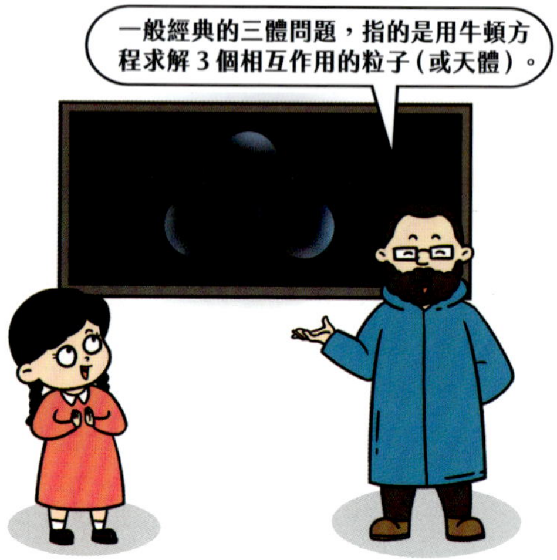


不過，願景非常美好，實施起來就困難多了。

事實上，在量子化學的世界裡，即使是三體問題，也無法精確求解。

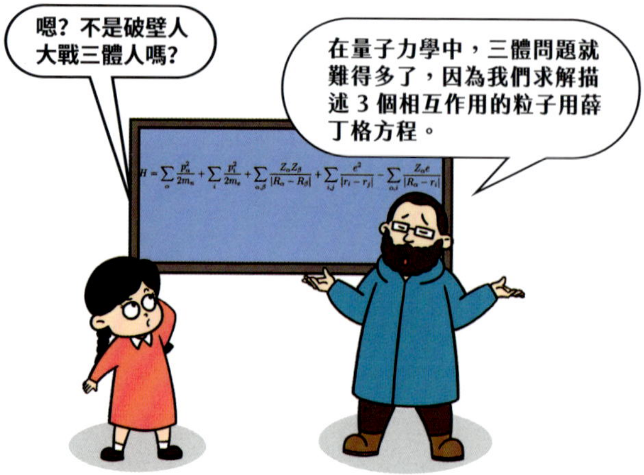

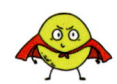

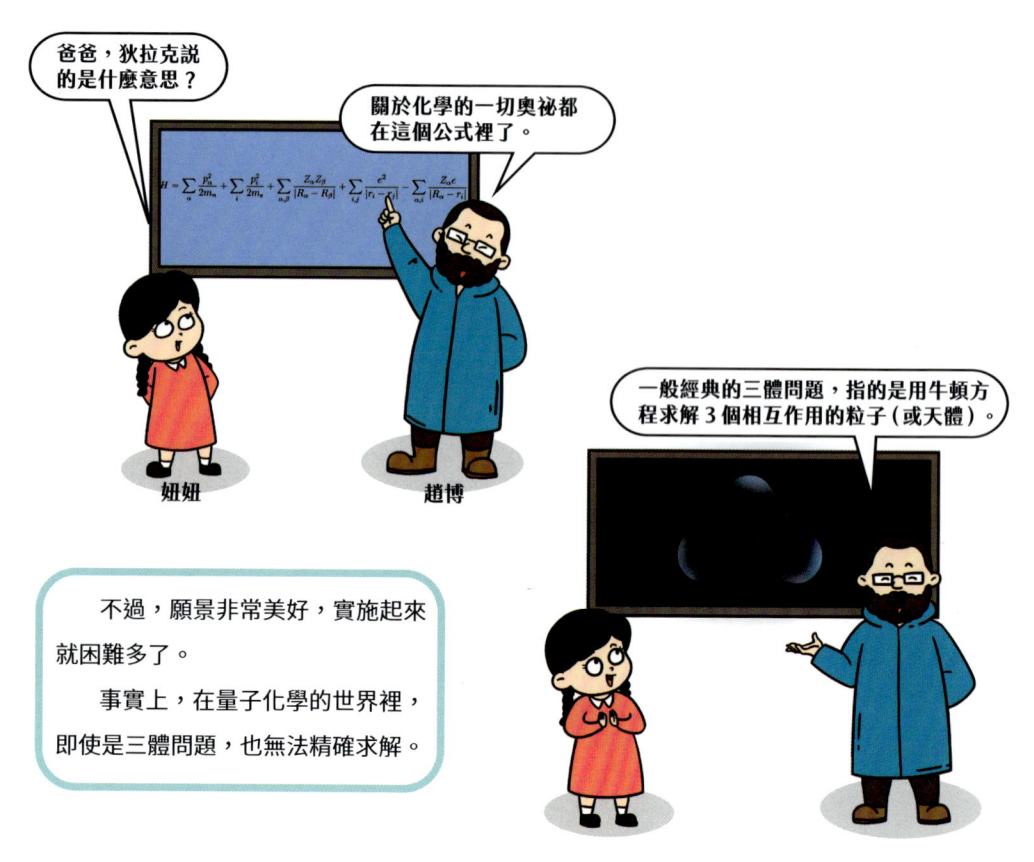

# 第十二章

量子三體問題沒有嚴格可解模型，所以只能數值求解。一方面，現在計算的精度不夠，即實驗得出的結果，經典電腦無力．「驗算」；另一方面，粒子相互作用中的參數太多，解決了前面的「高山」，後面還有「群峰」。所以，即使是最簡單的 離子，很多實驗測到的光譜理論也無法解釋。

219

進階的量子世界：人人都能看懂的量子科學漫畫

> 傳統電腦的計算精度不夠沒關係，如果用量子電腦，也許是一個捷徑。

哇！

> 我們也才剛剛起步，剛剛起步。

這……

但是，怎麼「計算」呢？三體這麼複雜的問題，沒有成熟的理論，傳統電腦算不了，量子電腦研究剛剛起步，科學家是不是沒辦法了？

# 第十二章

爸爸,那是不是沒辦法了?

妞妞,你記得剛開始學算術的時候,爸爸是怎麼教你的嗎?

沒錯,在科學研究裡,我們把這個叫作「量子包模擬」。透過將原子、分子溫度降到接近絕對零度,使它們的「動作」非常簡單,甚至可控,我們就可以操縱它們,讓它們做我們想要觀察的事情,就可以得到它們的運動規律了。

記得,用打比方!比如 2+3,爸爸就給我兩個蘋果和 3 個梨,讓我數數一共有幾個!

小孩子才會擔心,科學家選擇捲起袖子直接動手——算不出來,我們就在實驗室中直接操控原子、分子間的三體「化學反應」。

進階的量子世界：人人都能看懂的量子科學漫畫

不過，想要操控原子、分子可不容易，為了讓它們乖乖聽話，科學家們各顯神通，最著名、最常見的就是鐳射冷卻、囚禁等技術。

所謂鐳射冷卻，就是利用雷射技術，實現光子和原子的動量交換，從而冷卻原子。原子的鐳射冷卻技術已經很成熟，再結合磁光阱、蒸發製冷等手段，人們製備出了溫度低、密度高的超冷原子氣體。

聽話的原子、分子

實現光子和原子的動量交換

實現光子和原子的動量交換　　　　光子從 1 樓再爬上 10 樓

（注：圖中所示的跳躍為危險動作，請勿模仿）

# 第十二章

這種「電子循環躍遷」降溫的方式用來對原子進行冷卻非常有效,但是對分子就不太好用了。分子的能級結構比原子複雜得多——振轉能級不存在循環躍遷。目前,人們只在少數分子中發現了近似的循環躍遷。

科學家嘗試對分子直接進行冷卻,不過這是非常艱難的。對多原子分子來說,目前世界上最好的結果是將CaOH分子冷卻到了100μK,但分子密度還很低(太稀薄)。

其實還有一種辦法,《道德經》說:一生二,二生三,三生萬物。那就是合成超冷分子。

那就沒有其他辦法了嗎?

如果先有分子,再冷卻很難做到,那我們就反其道而行之,試試先製作超冷原子,再讓它們合成超冷分子。

對呀!科學家真厲害!

223

從20世紀80年代開始，科學家就試著用冷原子合成冷分子的方式給分子「降溫」，即利用光締合從冷原子氣中合成出雙原子分子。但這種方法得到的分子氣密度低、溫度也比較高。

於是，科學家們又探索了另一種技術——Feshbach 共振技術。Feshbach 共振是指原子們經過散射會牽扯在一起，形成弱束縛分子，如果散射態和束縛態的能量一致，則會產生共振，這會大大增強散射態和束縛態的耦合強度。而且，Feshbach 共振可以透過外加磁場來調控，這就給了我們新的機會：利用磁場來將原子合成分子。如今，Feshbach 共振技術成為合成雙原子分子最常用的技術手段。

敲黑板！　　　　　Feshbach 共振技術　　　　　畫重點！

原子　　　　　　　　　　　　　　　　雙原子分子

既然原子的Feshbach共振可以用來合成雙原子分子，那如果有雙原子分子和原子的Feshbach共振，不就可以合成三原子分子了嗎？但問題是雙原子分子和原子間磁場可調的Feshbach共振存在嗎？2019年，中國科學技術大學潘建偉、趙博研究團隊在國際上首次觀測到了超低溫下鉀原子（$^{40}$K）和鈉鉀分子（$^{23}$Na$^{40}$K）的Feshbach共振。這意味著，利用Feshbach共振實現三原子分子合成是有可能的！

2022年初，在Feshbach共振附近，研究團隊透過射頻場將原子分子散射態直接耦合到三原子分子的束縛態。射頻合成三原子分子所導致的鈉鉀分子損失譜，給出了三原子分子合成的間接證據。這項工作於2022年2月9日發表在《自然》雜誌上。

# 第十二章

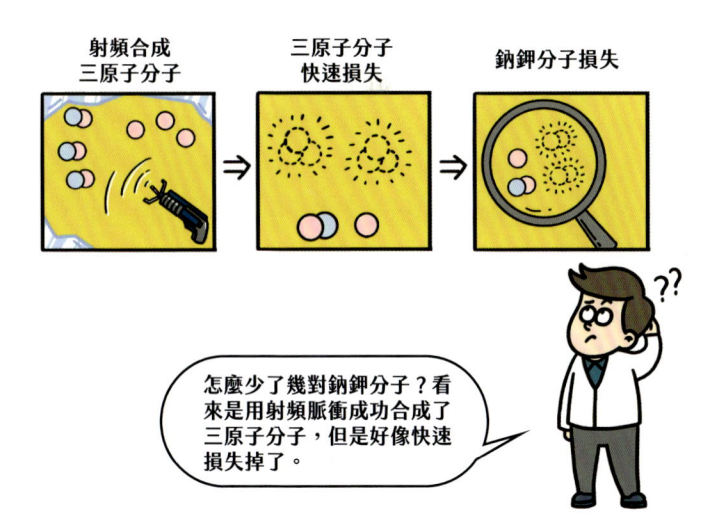

不到一年的時間，研究團隊透過努力，將溫度降低至100nK，製備出了溫度更低、密度更高的、簡並的鈉鉀分子和鉀原子混合氣，這使得研究團隊可以透過Feshbach共振磁締合方法來將鈉鉀分子和鉀原子合成三原子分子，最終，得到了含有約4000個 $^{23}$Na$^{40}$K$_2$分子的超冷分子氣。透過射頻解離三原子分子，觀測解離譜的行為，研究團隊得到了合成三原子分子的直接、確切證據。

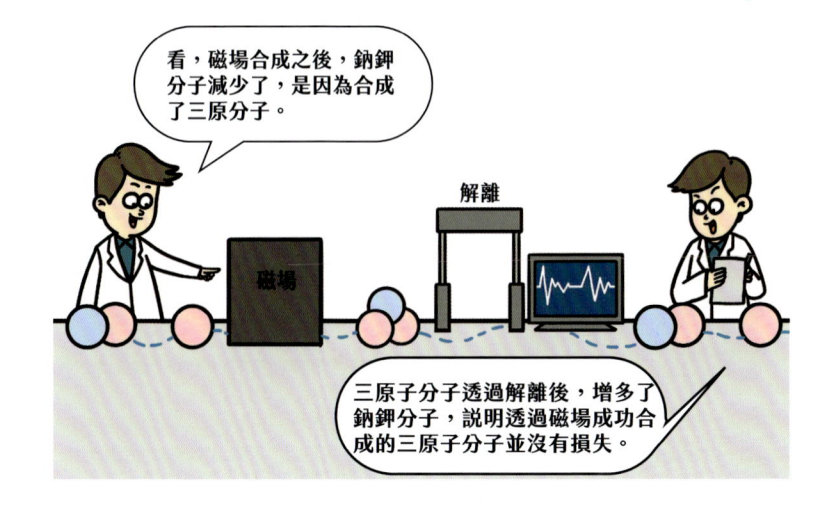

這項工作成果於2022年12月2日發表在《科學》雜誌上。一年內接連登上《自然》、《科學》雜誌，看起來是閃電般的成績，其實這項成果是10年努力的結果。研究人員從2012 年開始搭建鈉鉀分子實驗室、2019年觀測到鈉鉀分子和鉀原子Feshbach共振、2022年初觀測到射頻合成三原子分子證據，直到2022年年底製備出超冷三原子分子氣體，一步一步踏實走過。

> 透過 10 年的努力 我們成功製備出了超冷三原子分子氣體！

> 科學家們太厲害啦！

曹錦　蘇楨

芮俊　趙博　潘建偉　楊歡

對科學家來說，這是超冷分子和超冷化學領域的一個里程碑，也是一個全新的開始。未來，量子三體問題的解決，超冷反應奧祕的探索，以及由於分子豐富而獨特的能級結構，在量子資訊處理、量子精密測量等領域的潛在應用，都等待著科學家們去實施。

# 第十二章

# 第十三章
# 非視野成像：
### 讓視線「拐個彎」，在 1.4 千米之外

第十三章

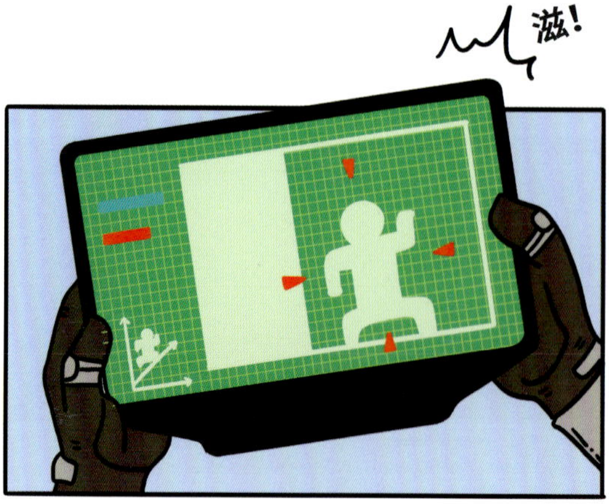


監視器

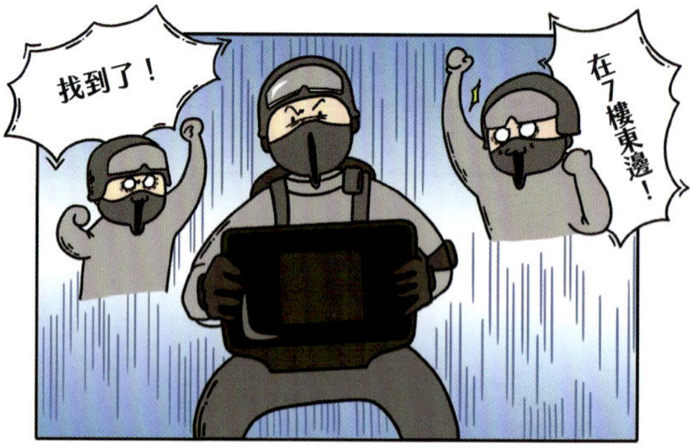


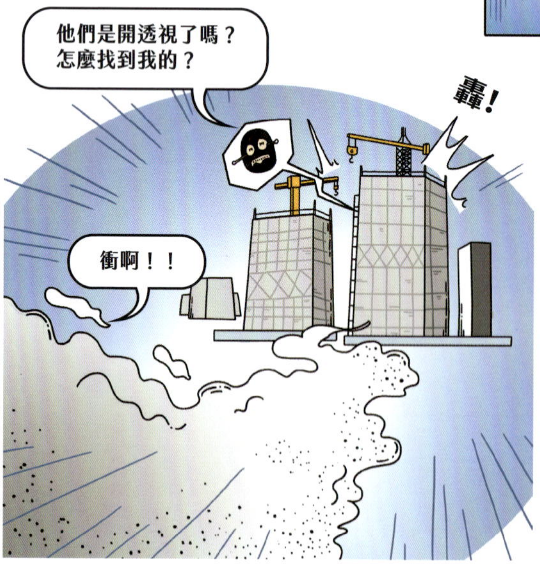

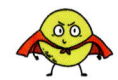

# 第十三章

這個玩意兒真好，能拐個彎看到藏在牆後的人。這是什麼技術？

隊長，這叫**非視野成像**，是目前的最新技術。

我們通常用的照相機、夜視儀和望遠鏡，都屬於視野成像產品。它們只能看到自己視線範圍內的東西，沒法看到視線之外的東西。

嘿嘿！一定是秋香！

視域成像

唐伯虎

天吶！

潛水鏡

你可能會想，如果我在視線範圍內放一面鏡子，不就可以看到視線之外的東西了嗎？

沒錯，潛水鏡就是這麼做的。

231

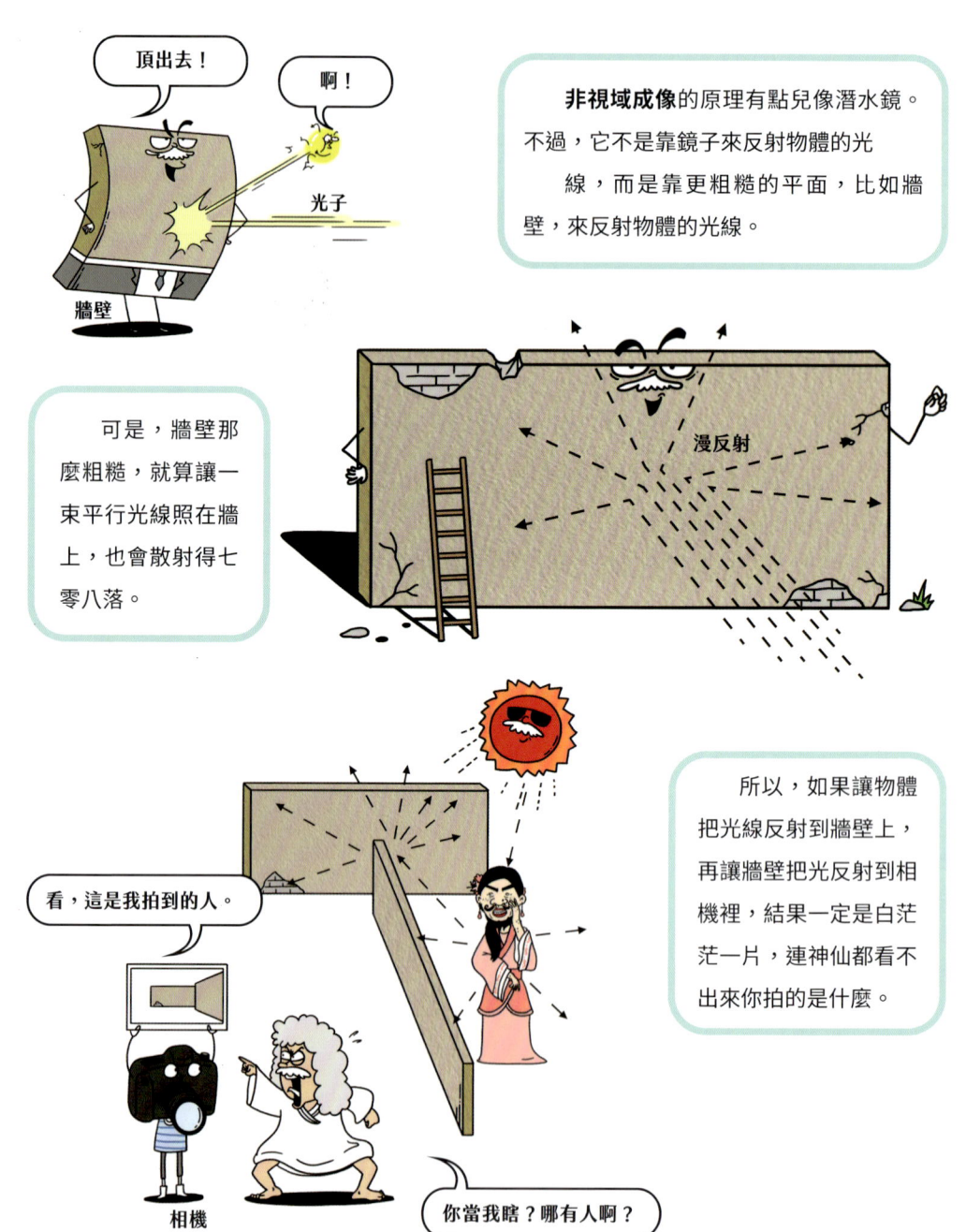

**進階的量子世界：人人都能看懂的量子科學漫畫**

頂出去！

啊！

光子

牆壁

**非視域成像**的原理有點兒像潛水鏡。不過，它不是靠鏡子來反射物體的光線，而是靠更粗糙的平面，比如牆壁，來反射物體的光線。

可是，牆壁那麼粗糙，就算讓一束平行光線照在牆上，也會散射得七零八落。

漫反射

所以，如果讓物體把光線反射到牆壁上，再讓牆壁把光反射到相機裡，結果一定是白茫茫一片，連神仙都看不出來你拍的是什麼。

看，這是我拍到的人。

相機

你當我瞎？哪有人啊？

232

第十三章

這可怎麼辦呢？辦法是有的。

大部分非視域成像技術，都不會被動等待牆壁反射物體的光線，而是主動出擊，向牆壁發射一束雷射脈衝。

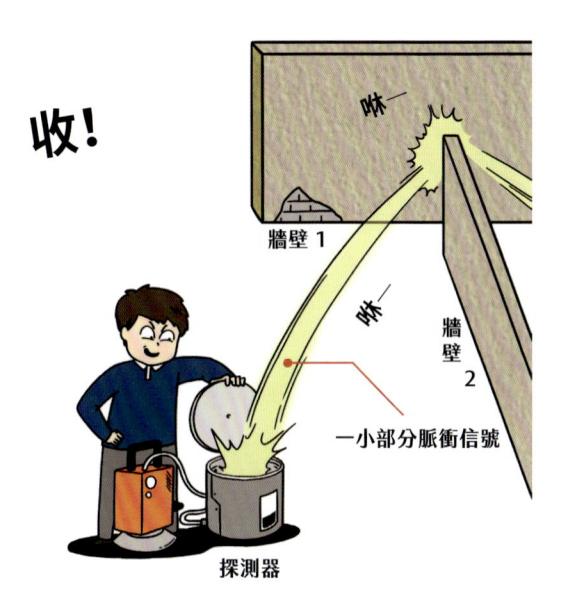

雷射脈衝

收！

牆壁1

啾—

啾—

牆壁2

一小部分脈衝信號

探測器

這束雷射脈衝會經過牆壁1反射，照在牆壁2後的物體上。然後，物體會把一小部分脈衝信號反射回來，再次經過牆壁1後，被探測器接收。

233

也就是說，發出去的雷射脈衝要經過3次漫反射，才能最終回到探測器中。

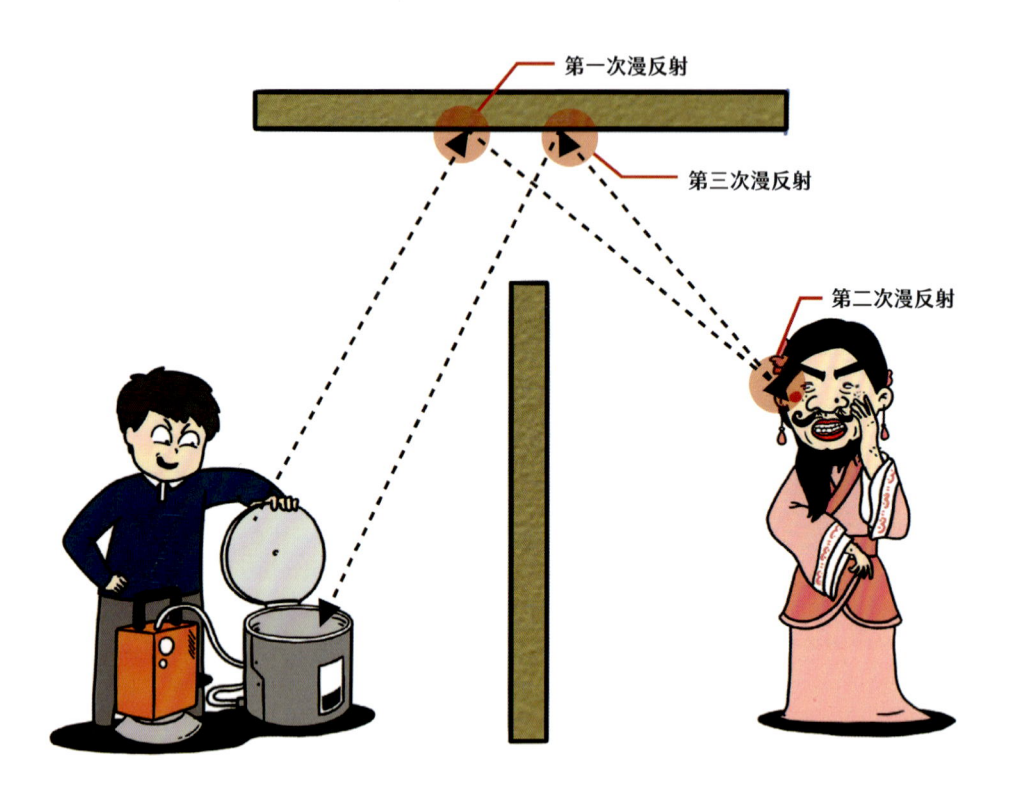

第一次漫反射

第三次漫反射

第二次漫反射

最後，電腦透過分析探測器接收到的脈衝延遲了多久、形狀發生了何種變化，來反推牆壁後面藏著的物體是什麼。

第十三章

從這個意義上說，非視域成像可以說是一種能夠讓視線拐彎的技術。

進階的量子世界：人人都能看懂的量子科學漫畫

仔細一想，你可能會發現，距離越遠，雷射衰減就越厲害，探測誤差也會越大。

這樣的非視野成像技術，最多也只能探測幾公尺之外的物。

# 第十三章

> 如此看來，這種技術就算真的投入使用，最多也就是用在近距離的場景，比如機器人視覺、醫學和科學研究。

機器人視覺　　　醫學　　　科學研究

## 無法勝任

> 像本章漫畫開頭的那種遠距離應用，非視野成像一時半會還無法勝任。

237

那麼，真的沒有其他辦法了嗎？

中國科學技術大學的潘建偉、竇賢康、徐飛虎等研究人員想到了一個新辦法。他們利用自己開發的硬體和軟體，成功地把非視域成像的應用距離延長到了1.4千米。2021年3月，他們的研究論文發表在《美國國家科學院院刊》（PNAS）上。

學生代表　　徐飛虎　　　　　潘建偉　　竇賢康

你可能會覺得，不就是實驗距離變遠了嗎？

這有什麼難辦的呢？

把儀器精度設置得高一點兒，再把實驗資料分析得仔細一點兒，不就可以了嗎？

# 第十三章

哪有那麼簡單！

　　這可不僅僅是幾千米和幾米的區別，而是室外和室內的區別。要知道，我們做的是一個精密光學實驗。

　　科學家做這樣的實驗時，恨不能把實驗室變成一個沒有光的黑屋子。只有盡可能杜絕一切干擾，光學實驗才能稱得上足夠「精密」。

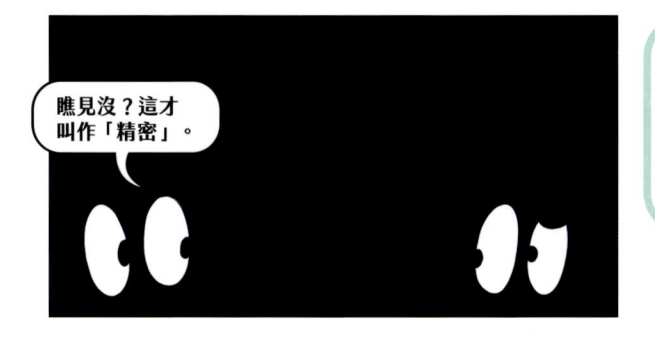

瞧見沒？這才叫作「精密」。

　　現在好啦，研究人員不但不能在黑屋子裡做實驗，還要把實驗搬到戶外，在太陽底下做。

啊！我的眼睛！

　　這個時候，別說讓視線拐彎了，就算想看清視線內的物體，都不容易。

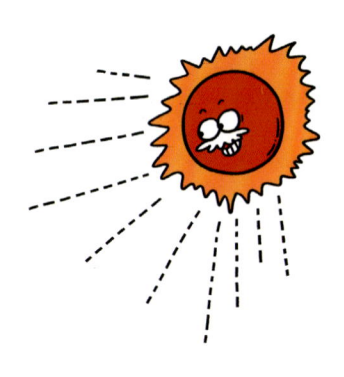

　　那麼，在如此強烈的干擾下，研究人員又是如何讓視線拐彎的呢？他們主要做了以下六點。

239

### 1. 使用 1,550 奈米波長的近紅外雷射

這個波長的光子，比可見光更容易穿透空氣，而且不會被對方察覺。

### 2. 適用於近紅外的高效單光子探測器

光子

單光子探測器

電流訊號

只要有一個光子進來，探測器就會發出雪崩式的巨大電流訊號，並產生準確的時間響應。

# 第十三章

### 3. 高透過率的光學系統

麻煩給我的鏡片貼個膜。

祖傳高透光貼膜

鍍了膜以後，光子就會更容易進入鏡片，而不會被鏡片反射出去了。

### 4. 雙望遠鏡共聚焦光學系統

鐳射光子從一個望遠鏡裡發出，再返回到另一個共焦的望遠鏡裡。用這種辦法，研究人員就能消除鐳射被環境背向散射而引發的雜訊。

### 5. 設置合適的掃描解析度

**完美尺寸**

64×64 像素（85cm × 85cm）

---

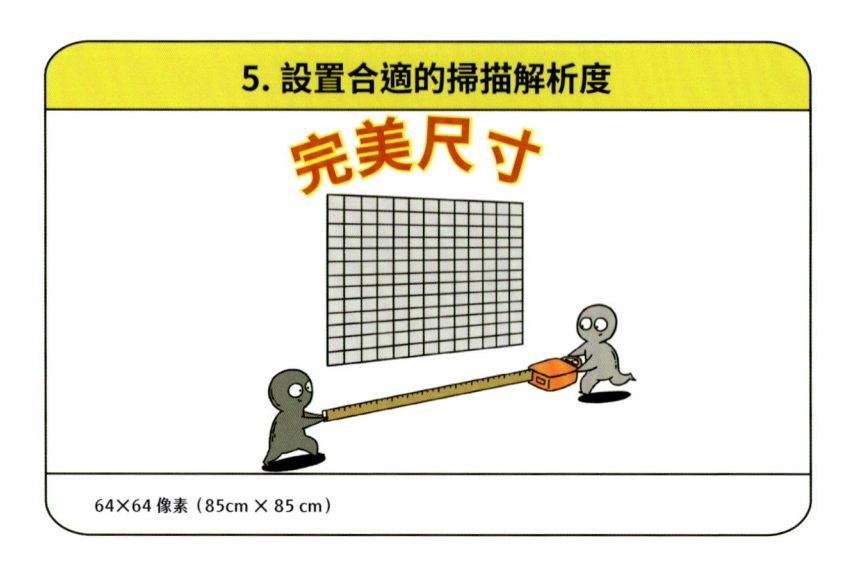

儘管有了如此細緻的準備，但近紅外雷射的脈衝經過長距離飛行，經過重重干擾，再經過3次漫反射，回到探測器以後，還是變得連「親媽都不認識」了。

雖然在每個掃描點上，近紅外雷射都會發出$4.6×10^{18}$個光子。

**億億大軍**

光子　衝呀！
衝呀！　衝呀！

這比我當年赤壁的百萬水軍可厲害多了

# 第十三章

但經過3次漫反射以後,卻只有674個光子能回到探測器中。

話說我們去的時候有多少個人?

果然歷史總是驚人的相似。

於是,研究人員最後還有一件事情必須完成,那就是:

進階的量子世界：人人都能看懂的量子科學漫畫

## 6. 開發重建影像的電腦程式

都操練起來！

研究人員做了這麼多創新和努力，實際效果如何呢？

244

第十三章

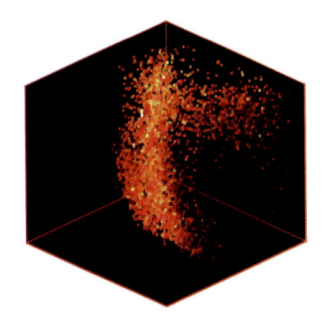

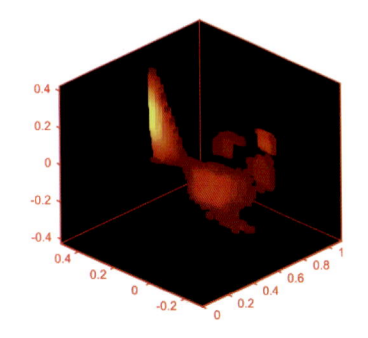

請看,這是探測器探測到的一組訊號。

那麼電腦程式認為這是什麼呢?

那麼它究竟是什麼呢?

原來是一個標準的木偶人。

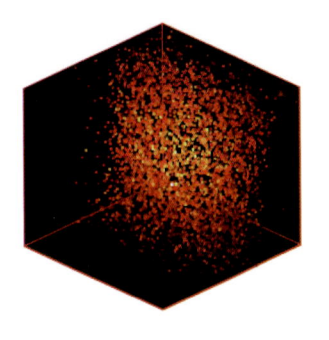

再看這個結果。

245

進階的量子世界：人人都能看懂的量子科學漫畫

什麼也看不出來，對嗎？讓我們看看電腦顯示的結果。

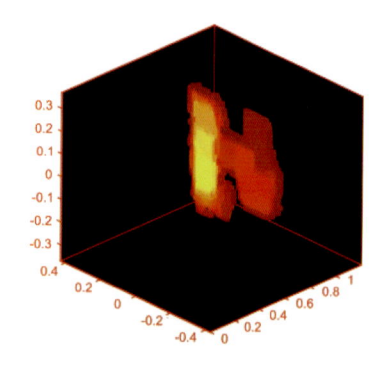

那麼它究竟是什麼呢？

原來是一個字母 H。

再猜猜看，這拍的是什麼？

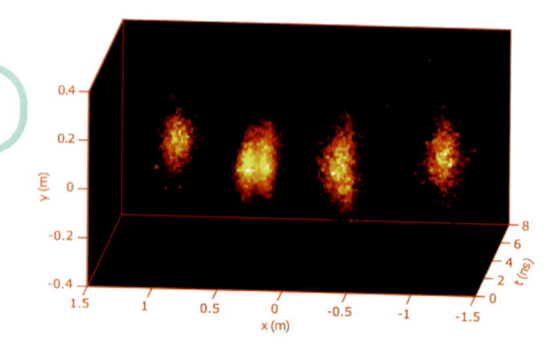

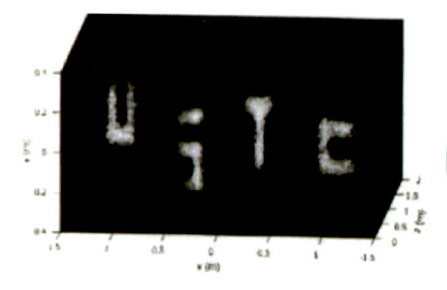

讓電腦幫你還原（圖像重建）一下。

246

# 第十三章

原來是它！！

# USTC

這樣看來，這一輪遠距離非視域成像的效果還挺不錯。

據不可靠消息，研究人員還將在各種實際場景中，對這種技術進一步測試和優化，爭取早日將它投入實際應用中。另外，在無人駕駛、災害救援等民用領域，非視域成像也有廣闊的應用前景，我們一起拭目以待吧。

注意了，潘老師還差 800 公尺到實驗室。

那我們還能再打兩局！

參考文獻：

1. Wu C, Liu J J, Huang X, et al. Non-line-of-sight imaging over 1.43 km[J]. PNAS, 2021, 118(10): e2024468118.
2. Faccio D, Velten A, Wetzstein G. Non-line-of-sight imaging[J]. Nature Reviews Physics, 2020, 2(6): 318-327.

# 第十四章
# 用量子力學，突破望遠鏡解析度的光學極限

# 第十四章

每個人都希望自己像孫悟空一樣,長著一雙火眼金睛,能夠透過一切表面現象,看清萬事萬物的本質。

但這說起來容易,做起來其實特別難。因為本質總是藏在表面之下很深很深的地方,要想抓住本質,等它自己送上門是不可能的,我們得想辦法把它挖出來。

本章我們就來講一個物理學家利用量子力學透過表面的迷霧,挖掘事物本質的故事。

一

　　我們要挖掘的「本質」其實很簡單，就是看天上的某個亮點，到底是一顆星星，還是兩顆不同的星星。你可能覺得這個問題太簡單了，用望遠鏡看一下，不就知道嗎？

　　望遠鏡也很為難啊。因為光這玩意兒，一點兒也不老實。你叫它走直線，它偏不走直線，而是像一束波一樣掃過一大片範圍。

# 第十四章

點光源

艾裡斑

一個點發出的光，透過望遠鏡拍成照片以後，就不再是一個點了，而是一個光斑。

如果旁邊還有一個點在發光，到了照片上，它們就是兩個光斑。

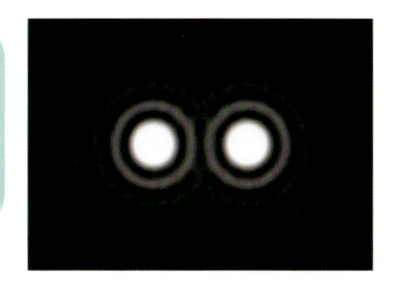

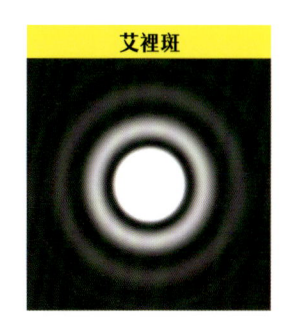

如果這兩個點離得特別近，兩個光斑就會糊到一塊兒了，你根本分不清誰是誰。

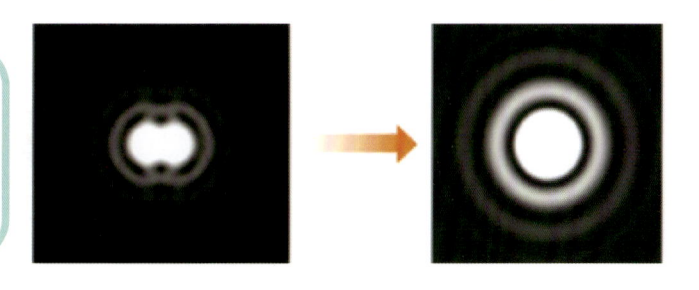

這個時候，大自然就把它的本質隱藏了起來。你以為看到的是一顆星星，其實有可能確實是一顆，也有可能是兩顆。到底是幾顆，誰也看不清。

科學上的事千萬不能瞎糊弄，因為只要失之毫釐，就會差以千里。比方說，你以為距離我們最近的比鄰星位於宜居的恆星系。我們地球可以移過去，為人類開拓第二家園。

# 第十四章

但其實它周圍還有兩顆恆星，組成了一個三體系統，並不適合人類安家。你要是飛到一半兒才發現，後悔也來不及了，只能用自暴自棄給後人提醒！

當然，這事也不能怪望遠鏡，因為它的解析度已經到極限了，再努力也就這樣了。

進階的量子世界：人人都能看懂的量子科學漫畫

更難的是，天上的很多星星都非常暗，發出的光子都是論個數的。這下更麻煩了，光子這玩意兒是基本粒子，你把兩個一樣的光子擱一塊兒，根本分不清誰是誰，更不可能搞清楚它們是打一個地方來的，還是半路碰上的。別說你分辨不了，老天爺也分辨不了，你要是想從兩個光子身上反推它們的來歷，簡直就是不可能完成的任務。

這兩個誰是誰？

我分不出來啊！

啦啦啦～

光子1　光子2

事情到了這個份上，別說極不極限，望遠鏡想辭職的心應該都有了。

我不幹了！

別呀！你走了我找誰去啊，有話好好說嘛。

二

難道沒有更好的辦法了嗎？難道眼睜睜地看著大自然欺騙我們嗎？

# 第十四章

你要是不懂量子力學，答案就是無解。人類會被表面的迷霧遮擋，無法找到事物的本質。

幸運的是，現在是21世紀20年代，物理學家早就把量子力學研究清楚了。他們已經從量子力學中找到了應對的思路。

量哥，給個想法！

遇事不決 量子力學

量子力學

我馬上就能弄清楚你們的來歷了！

啦啦啦……呃？

量子力學

這個思路是說，要想把星星看得更清楚，就不能被動地接收光子，而是要主動出擊，想辦法讓光子整出點兒花樣來。這個花樣最好是會變化的，而且變化的幅度跟星星的相對位置有關。這樣一來，我們就可以透過分析花樣變化的幅度，來反推這兩個星星距離有多遠。

那麼，這個花樣是什麼呢？在量子力學眼裡，這個花樣只有唯一的一種可能，那就是干涉。

進階的量子世界：人人都能看懂的量子科學漫畫

# 干涉

哈！！

天哪，他裂開了！！

量子力學

干涉又是什麼現象呢？如果你往水裡扔兩塊石頭，就會激起兩股水波。水波和水波交叉重疊在一起，就會形成一種特殊的紋理。這就是水波的干涉現象。

假如你經常扔石頭就會發現，水波的干涉紋理是可以變化的。如果干涉條紋是這樣的，你就會知道，這兩石頭肯定離得很近。

如果干涉條紋是這樣的，你會知道，這兩石頭肯定離得有點兒遠。

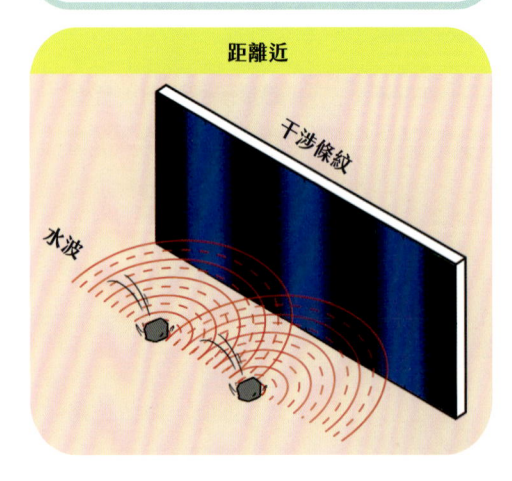

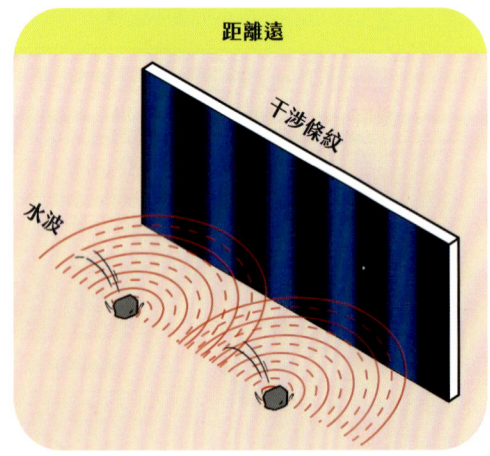

**距離近**

干涉條紋

水波

**距離遠**

干涉條紋

水波

所以，透過測量水波的干涉條紋，你就可以推算兩個波源之間的距離。同樣的道理，透過測量光子的干涉條紋，物理學家也能算出兩個光源之間的距離。

256

第十四章

但量子力學說的干涉，跟我們說的水波干涉，還存在兩點不同。

注意，有兩點不同！

量子力學

第一點，量子力學的干涉，指的不是兩束看得見的波在干涉，而是指兩束看不見的概率波在干涉。因為在量子力學中，所有的光子，既是一種粒子，又都同時是一種概率波。它們會以不同的概率，出現在不同的地方。

我擲到什麼數字你們就從哪個門出去。

光子

如果它們的概率發生波動，你是看不見的。你只能先把各個地方收集到的光子數量記下來，換算成概率，再把各處的概率匯總起來，畫成圖，然後才能看到這種波動。這就是我們說的要「主動出擊」的第一層意思。

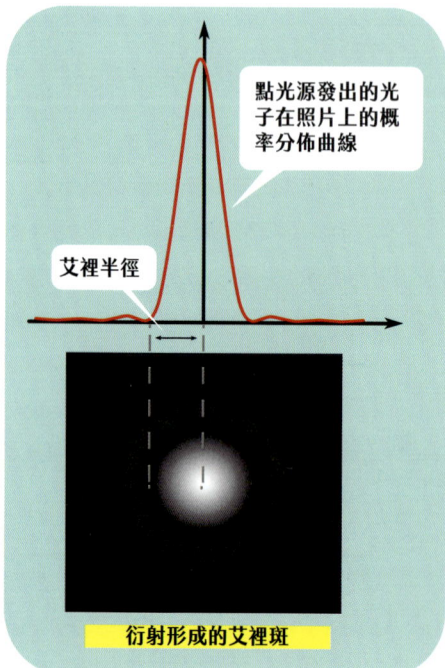

點光源發出的光子在照片上的概率分佈曲線

艾裡半徑

衍射形成的艾裡斑

那麼，如果把兩個靠得很近，又很暗淡的星星發出的光子全部收集起來，又會看到什麼樣的干涉現象呢？很遺憾，除了一坨疊在一起的亮斑，你什麼干涉現象也看不見。

放我們進去！

沒用的概率不準計算！

停

禁止入內

量子力學

所以，我們必須強調量子力學的干涉的第二點不同，不能來者不拒，有什麼概率就算什麼概率，而是要把沒用的概率拋在一邊，專門挑有用的算。這就是上文所說的「主動出擊」的第二層意思。

具體來說，就是不要計算單個光子出現的概率，而是要計算「兩個光子同時出現的概率」。這樣一來，你收集到的資料就會變少很多。因為天上如果真的有兩顆星星，它們又不一定會同時發光，就算同時發光，它們的光子也不一定能同時到達地球。「兩個光子同時出現的概率」，肯定遠遠低於「先測到一個光子，然後又測到一個光子的概率」。

第十四章

**兩個光子不同時出現** ❌
接收器

**兩個光子同時出現** ✓
接收器

**兩個光源發出的兩個光子同時達到兩個探測器的概率分佈曲線**

$G^{(2)}(x_A,0;0,0)$

（兩個探測器的間距）

但你要知道，濃縮的才是精華。一個光子的概率不會發生干涉，「先測到一個，然後又測到一個的概率」也不會發生干涉，只有「兩個光子同時測到的概率」才會發生干涉。如果你把這個概率畫成一張圖，就會明顯看到，干涉條紋真的又重新出現了！

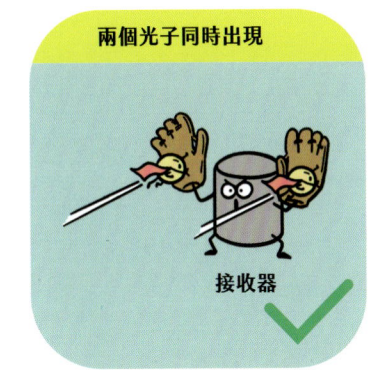

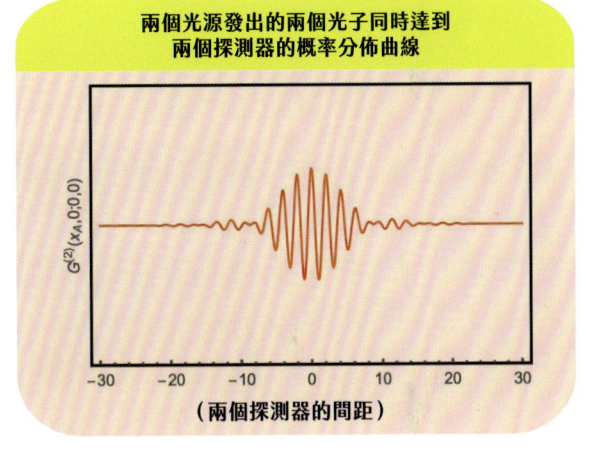

而且，你還能從這個條紋中，算出兩顆恒星的距離是多遠。

由於這種方法不是一個光子的概率波在發生干涉，而是兩個光子同時抵達的總體概率波在發生干涉，因此，物理學家把它叫作雙光子干涉或者二階干涉。

> **雙光子干涉**

259

進階的量子世界：人人都能看懂的量子科學漫畫

利用雙光子干涉，很多原來看不清本質的東西，後來終於可以看清了。物理學家用它看清了恒星有幾顆，還用它看清了恒星的大小。生物學家用它看清了用螢光標記的蛋白質分子。粒子物理學家用它看清了微觀粒子的大小和相互作用範圍。

雙光子干涉，簡直就是給科學家配了一雙火眼金睛，不管是雞精、戲精還是白骨精，它統統能把本質看清！

## 三

雖然這個方法很好，但它的局限性也很明顯，就是對兩個光子的特徵太挑剔。這兩個光子不但得同時到達兩個不同的探測器，顏色還必須一模一樣。因為它們只有顏色一樣，才會發生干涉。否則的話，干涉條紋就產生不了，這個方法就失效了。你看到的又會是一坨分不清誰是誰的光斑，只不過多疊了一層顏色。

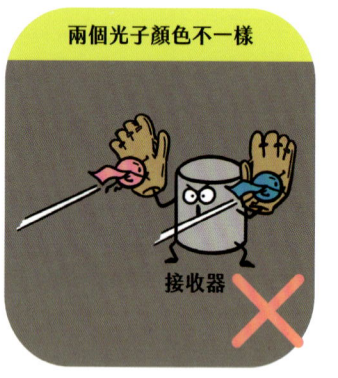

兩個光子顏色不一樣

接收器 ✗

兩個光子顏色一樣

接收器 ✓

不要問為什麼，反正我就是挑。

量子力學

# 第十四章

我太難了！！

這個局限性的問題很嚴重。要知道，天上的星星本來就比較暗，物理學家每次收集資料少則幾天，多則幾年。現在倒好，還要挑剔光子的顏色，比達·芬奇畫雞蛋要求還高，這實驗簡直沒法做了！

物理學家不但已經從量子力學中找到了應對的思路，還把解決方案做出來了。這就是中國科學技術大學潘建偉聯合諾貝爾獎得主弗蘭克·維爾切克、斯坦福大學的約爾丹·科特勒等人，共同完成的**擦掉顏色資訊的雙光子干涉實驗**。

$|BB\rangle\langle BB|(U \otimes U)(D_{1A}D_{2B}|RB\rangle + D_{2A}D_{1B}|BR\rangle)$

咔嚓——

科特勒

維爾切克

張強

曲溧源

潘建偉

261

實驗的思路並不難理解。你不是要光子的顏色必須一樣嗎？我給你把不一樣的「整」成一樣的還不行嗎？

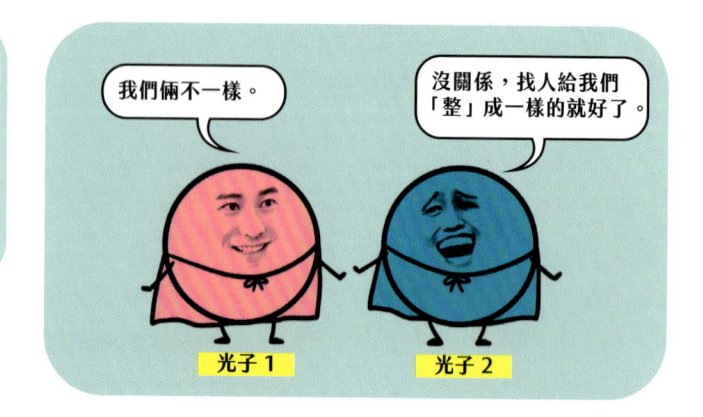

> 我們倆不一樣。
>
> 沒關係，找人給我們「整」成一樣的就好了。
>
> 光子 1　　光子 2

在量子力學中，光子的顏色不同，本質上是光子的能量大小不同。對光子探測器來說，如果能量一樣，兩個光子的顏色就是一樣的。反過來，如果顏色不一樣，那麼兩個光子的能量就是不一樣的。

所以，要想把顏色不同的兩個光子變成一樣的，其實很簡單，把它們兩個的能量差額想辦法補上就行了。具體的辦法是，研究人員利用了一種叫作「週期極化鋰酸鋰波導（PPLN waveguide）的裝置。這種裝置的神奇之處在於，只要你捨得給它提供能量，它就能把一個低能量的光子，以一定概率變成一個高能量的光子，相當於給光子「整容」了。

> 我們想變得一樣。
>
> 沒問題，交給我！

# 第十四章

對於光子探測器來說，不管光子是「天然萌」還是「整過容」，只要能量大小符合要求，就認為它們完全相同。

我們整完了，可以通過了嗎？

噗！可以！

接收器

於是，這個實驗還剩最後一個步驟，就是把那些「整容」失敗的光子對應的資料扔掉，只保留「整容」成功的光子的資料。結果，他們真的又重新看到干涉條紋了！

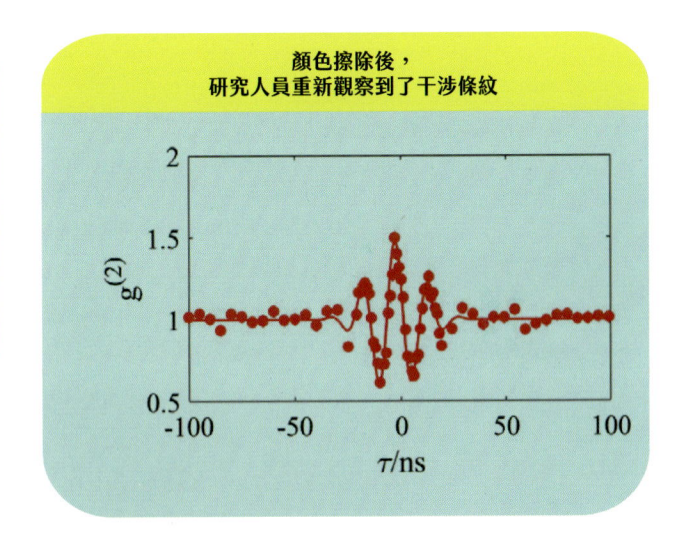

**顏色擦除後，研究人員重新觀察到了干涉條紋**

$g^{(2)}$ 縱軸，範圍 0.5 到 2
橫軸 $\tau/\text{ns}$，範圍 -100 到 100

這個實驗存在干涉，是因為透過「整容」的辦法「糊」探測器，讓它無法分辨光子的顏色資訊，才產生了干涉。這相當於提前擦除了光子的顏色資訊，然後才讓它進入探測器。這樣的探測器可以叫作顏色擦除探測器，所以，這個實驗就叫擦掉顏色資訊的雙光子干涉實驗。實驗結果發表在2019年12月的《物理評論快報》上。

PHYSICAL REVIEW LETTERS **123**, 243601 (2019)

**Color Erasure Detectors Enable Chromatic Interferometry**

Luo-Yuan Qu,[1,2,3] Jordan Cotler,[4] Fei Ma,[1,2,3] Jian-Yu Guan,[1,2] Ming-Yang Zheng,[3] Xiuping Xie,[3]
Yu-Ao Chen,[1,2] Qiang Zhang,[1,2,3] Frank Wilczek,[5,6,7,8,9] and Jian-Wei Pan[1,2]

[1]Shanghai Branch, National Laboratory for Physical Sciences at Microscale
and Department of Modern Physics University of Science and Technology of China, Shanghai 201315, People's Republic of China
[2]CAS Center for Excellence and Synergetic Innovation Center in Quantum Information and Quantum Physics,
Shanghai Branch, University of Science and Technology of China, Shanghai 201315, People's Republic of China
[3]Jinan Institute of Quantum Technology, Jinan 250101, People's Republic of China
[4]Stanford Institute for Theoretical Physics, Stanford University, Stanford, California 94305, USA
[5]Center for Theoretical Physics, MIT, Cambridge, Massachusetts 02139, USA
[6]T. D. Lee Institute, Shanghai Jiao Tong University, Shanghai 200240, People's Republic of China
[7]Wilczek Quantum Center, School of Physics and Astronomy, Shanghai Jiao Tong University,
Shanghai 200240, People's Republic of China
[8]Department of Physics, Stockholm University, Stockholm SE-106 91 Sweden
[9]Department of Physics and Origins Project, Arizona State University, Tempe, Arizona 25287, USA

(Received 15 July 2019; published 9 December 2019)

By engineering and manipulating quantum entanglement between incoming photons and experimental apparatus, we construct single-photon detectors which cannot distinguish between photons of very different wavelengths. These color-erasure detectors enable a new kind of intensity interferometry, with potential applications in microscopy and astronomy. We demonstrate chromatic interferometry experimentally, observing robust interference using both coherent and incoherent photon sources.

DOI: 10.1103/PhysRevLett.123.243601

---

儘管這個實驗還比較初級，但它從原理上證明了，即使兩顆星星離得很近、光線很暗，而且顏色不一樣，我們還是有辦法看清它們其實是兩顆不同星星的「本質」。這件事情不但對天文學很重要，對分子生物學也是一個新機會。以後如果有兩個顏色不一樣的螢光分子在顯微鏡中重疊在一起，生物學家就有辦法看清它們誰是誰了。

總之，雙光子干涉不會再像以前那麼挑剔，它的應用範圍開始向外擴大了。

量子力學就是這樣突破了望遠鏡解析度的光學極限，變成我們的「火眼金睛」，讓我們能夠透過一切表面現象，看清萬事萬物的本質。

第十四章

注：

    1. 狄拉克說過，「一個光子……只和它自身干涉」。所以，雙光子實驗應該理解成「a 和 b 兩個光子組成的集體，和這個集體自身發生了干涉」。

    2. 這個集體的干涉發生在兩個子波之間。如下頁圖所示，第一個子波是「一個光子從a光源跑到1號探測器，同時一個光子從b光源跑到 2號探測器」；第二個子波是「把兩個光子對調一下，也就是一個光子從a光源跑到 2號探測器，同時一個光子從 b光源跑到 1號探測器」。

265

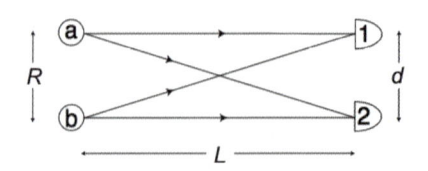

進階的量子世界：人人都能看懂的量子科學漫畫

這兩個子波所走過的路程是不一樣長的，所以，這兩個子波達到探測器時，存在一定相位差。這個相位差的大小正比於兩個光源的距離 $R$ 和兩個探測器的距離 $d$，所以，透過改變探測器的距離 $d$，並測量干涉條紋變化規律，就能測量光源的相對距離 $R$。

3. 雙光子干涉要想成立的前提是，這兩個光子必須是完全無法區分的，所以，物理學家才會要求兩個光子的顏色必須是一樣的。

4. 實際的實驗原理比本章漫畫說得更複雜，它們存在三點不同。

第一，物理學家並不是直接把紅色光子轉化成藍色光子，而是讓它們以一定概率相互轉化：紅可能變藍，藍可能變紅。這麼做雖然會「犧牲」一部分藍色光子，但這種犧牲使得雙光子可以重新干涉了，所以是有必要的。

第二，物理學家不是直接把紅色光子轉化成藍色光子，而是把紅色光子轉化成了某種「紅色和藍色的疊加態」。同時，藍色光子也轉化成了另一種「藍色和紅色的疊加態」。而且，這個過程需要第三方雷射的能量來輔助實現，所以這個疊加態其實是「紅色光子、藍色光子和第三方雷射」共同形成的某種疊加態。

這裡說的第三方雷射有個專門的名字，叫泵浦光。所以，所謂的「整容」過程，其實是兩種光子和泵浦光一起進入週期極化鈮酸鋰波導，然後藍色的光子有一定概率釋放一個泵浦光子，變成紅光；紅色的光子有一定概率吸收一個泵浦光子，變成藍光。

第三，根據前兩點不同，你會發現實驗最終有可能輸出的是以下三類情況：（1）兩個藍色光子；（2）兩個紅色光子；（3）一紅一藍。研究組把第2和第3種情況的資料扔掉了，只保留第一種情況，所以才觀察到了雙光子干涉現象。因此，我們的漫畫說「紅色光子通過『整容』，變成了藍色光子」，是站在沒有扔掉的那部分資料的角度說的。

參考文獻：
1. Qu L Y, Cotler J, Ma F, et al. Color erasure detector enable chromatic interferometry[J]. Physical Review Letters, 2019, 123: 243601.
2. Cotler J, Wilczek F, Borish V. Entanglement enabled intensity interferometry of different wavelengths of light[J]. Annals of Physics, 2021, 424(01): 168346.
3. Baym G. The physics of Hanbury Brown-Twiss intensity interferometry: from stars to nuclear collisions[J]. Nuclear Theory, 1998, 29: 1839-1884.
4. Fox M. Quantum optics: an introduction[M]. OUP Oxford, 2006.
5. Brown R H, Twiss R Q. A test of a new type of stellar interferometer on Sirius[J]. Nature, 1956, 178(4541): 1046-1048.